编委会名单

主　　编：余源鹏
策划顾问：广州市智南投资咨询有限公司
参编人员：

陈秀玲	梁嘉恩	蔡燕珊	杨秀梅	崔美珍
陈思雅	陈小哲	刘俊琼	黎敏慧	谭嘉媚
杨逸婷	张家进	余鑫泉	唐璟怡	李苑茹
李惠东	林达愿	陈晓冬	夏　庆	罗慧敏
王旭丹	刘雁玲	邓祝庆	罗宇玉	奚　艳
杜志杰	罗　艳	马新芸	林旭生	刘丹霞
朱嘉蕾	林敏玲	叶志兴	莫润冰	黄志英
胡银辉	谭玉婵	蒋祥初	肖文敏	黄　颖
张　纯	徐炎银	黄佳萍	曾秀丰	郑敏珠
齐　宇	黎淑娟	方坤霞	陈　铠	林煜嘉
吴丽锋	聂翠萍	何彤欣	罗鹏诗	魏玲玲
陈若兰	段　萍	吴东平		

信息支持：智地网　www.eaky.com

U0205591

前言
Foreword

城市综合体项目是指将城市中的商业、办公、居住、旅店等城市生活空间的各项功能进行组合，并在各部分之间建立一种相互依存、相互助益的能动关系，从而形成一个多功能、高效率、复杂而又统一的建筑综合体。国内比较典型的项目主要有万达广场、华润万象城、恒隆广场等。

城市综合体项目在北京、上海、广州等一线城市中发展迅猛的同时，越来越多的房地产开发企业也纷纷投入到二线城市综合体项目的开发建设中。二线城市是指有一定的经济基础，商业活跃度相对较强的城市，主要包括杭州、南京、济南、重庆、青岛、大连、宁波、厦门、成都、武汉、哈尔滨、沈阳、西安、长春、长沙、福州、郑州、石家庄、苏州、佛山、东莞、无锡、烟台、太原、合肥、南昌、南宁、昆明、温州、淄博、唐山等。随着二线城市经济的快速发展以及人们对居住、办公、购物等需求的便利性的提升，二线城市综合体项目的开发将会有巨大的发展空间。

由于城市综合体项目所包含的物业类型多，开发难度大，为了让二线城市综合体开发的相关从业人士对项目的开发经营策划有更全面、深入的了解，并掌握二线城市综合体项目开发经营策划的要诀要点，经过近两年来对典型二线城市综合体项目的研究探索，我们特别策划编写了本书。

本书用 6 章的内容全面讲述二线城市综合体项目开发经营策划的方法与要诀，这 6 章内容如下。

第一章，二线城市综合体项目如何进行市场调查分析，主要讲述二线城市综合体项目经济环境分析、政策环境分析、城市环境分析、房地产市场分析、自身情况分析、目标客户群分析、竞争对手分析以及 SWOT 分析等的基本内容、常用方法、步骤以及要诀等内容。

第二章，二线城市综合体项目如何进行定位，主要讲述二线城市综合体项目发展价值分析、总体开发战略制订、整体定位、目标客户群定位、案名定位、产品定位、业态定位、价格定位、主题定位、档次定位以及经营方式定位等的基本内容、常用方法、步骤以及要诀等内容。

第三章，二线城市综合体项目如何进行产品规划设计建议，主要讲述二线城市综合体项目整体规划与业态布局建议、交通规划与景观设计建议、建筑单体设计建议等的基本内容、常用方法、步骤以及要诀等内容。

第四章，二线城市综合体项目如何进行投资分析，主要讲述二线城市综合体项目收入测算、成本估算、盈利能力分析、盈亏平衡与敏感性分析等的基本内容、常用方法、步骤以及要诀等内容。

第五章，二线城市综合体项目如何进行营销推广策划，主要讲述二线城市综合体项目卖点提炼与整体推广战略制订、推广方式策划、推广计划制订以及销售执行策划等的基本内容、常用方法、步骤以及要诀等内容。

第六章，二线城市综合体项目如何进行经营管理，主要讲述二线城市综合体项目商业物业经营管理策略的制订、商业经营管理公司的组建、现场营运管理、租户沟通与协调管理、物业工程管理、物业安全管理、物业环境管理等的工作要点。

本书是一本理论与案例相结合的内容全面的有关二线城市综合体项目开发经营策划的工作参考书，该书的编写力求做到以下六大特性。

① 实操性。本书的编写人员全部来自多年从事二线城市综合体项目开发经营的一线专家，

实操经验丰富，力求通过全面实用的理论和众多成功的案例，使读者可以在最短的时间内吸收前人的实操经验，掌握二线城市综合体项目开发经营策划的成功要点。

② 先导性。 本书以我们的工作经验为基础，总结了近年来二线城市综合体开发经营策划的成功经验，走在时代发展的前列，能反映目前国内二线城市综合体开发经营的发展动态。

③ 全面性。 本书的全面性体现在两个方面：一是本书包括了二线城市综合体开发前期定位规划、后期营销推广策划以及经营管理等内容；二是本书中的案例来自于国内典型二线城市的综合体项目，涉及内容全面，分析到位。

④ 简明易懂性。 由于房地产从业人士大多工作繁忙，简明到位地阐述问题既有助于读者理解该知识点，又可以节省读者的时间和精力。 本书正是出于这一方面的考虑，在语言表达上尽量做到通俗易懂，即使是刚进入这个行业的人员也能充分理解作者想表达的意思，从而更好地理解和掌握二线城市综合体开发经营的各项要点要诀并运用到实践中去。

⑤ 案例性。 为了让读者更好地掌握二线城市综合体开发经营策划的要领，我们在讲述各项策划要点的方法要诀时，都会结合典型案例进行说明。

⑥ 工具性。 本书按照二线城市综合体开发经营的各策划阶段分章编写，并引用了众多二线城市综合体项目的成功案例。 读者在工作中遇到类似问题时，可以以书中相应的内容进行参考借鉴。

本书是二线城市综合体项目开发经营相关从业人士的必备书籍，特别适合二线城市综合体项目开发策划人员、房地产公司董事长、总经理、副总经理、总监、项目经理等高层管理人士，以及项目策划、经营、物业、投资、开发、招商、销售、人事、行政、财务等部门的经理、主管和从业人士参考阅读。

本书也非常适合商业经营管理公司、商业地产运营商、商业地产咨询顾问公司、商业地产策划招商代理公司、物业管理公司相关领导及从业人士阅读。

同时，本书还适合参与二线城市综合体项目工程建设的设计单位、监理单位、施工单位、建材和设备提供单位、招标单位、装修单位以及建设、规划、国土、质检、安检、市政、供水、供电、供气、供暖、环卫、消防等与二线城市综合体项目开发有密切联系的企业和单位的相关从业人士阅读。

另外，本书还可作为房地产相关专业师生的教材，或作为房地产公司新进员工的培训手册和工作指导书。

本书在编写过程中得到了广州市智南投资咨询有限公司相关同仁以及业内部分专业人士的支持和帮助，使得本书能及时与读者见面。 有关房地产其他相关实操性知识，请读者参阅我们编写出版的其他书籍，也请广大读者对我们所编写的书籍提出宝贵建议和指正意见。 对此，我们将十分感激。

主编

2017 年 2 月

目 录
CONTENTS

第一章 | 二线城市综合体项目如何进行市场调查分析

城市综合体是指将城市中的商业、办公、居住、旅店等城市生活空间的各项功能进行组合，并在各部分之间建立一种相互依存、相互助益的能动关系，从而形成一个多功能、高效率、复杂而又统一的建筑综合体。本书主要针对二线城市综合体项目开发经营策划的要诀进行说明，具体包括市场调查分析、项目定位、产品规划设计建议、投资分析、营销推广策划以及经营管理全程策划的要诀与工作指南。

二线城市综合体项目能否成功开发运营与项目所在区域的经济发展水平、政策环境、交通条件、客户需求、市场竞争环境等有密切的关联，本章将分别对经济环境分析、政策环境分析、城市环境分析、房地产市场分析、项目自身情况分析、目标客户群分析、竞争对手分析以及 SWOT 分析等的分析要诀进行详细的说明。

第一节
二线城市综合体项目如何进行经济环境分析

城市经济发达的区域或城市经济新增长点的区域，其快速发展的经济环境能带动和促进房地产市场的发展，因此，有必要对项目的经济环境进行分析。

一、二线城市综合体项目经济环境分析的基本内容

二线城市综合体项目经济环境分析的主要内容包括国民生产总值（GDP）、固定资产投资、产业结构、人均可支配收入与消费支出等的分析。

1. GDP 与人均 GDP 分析

GDP 与人均 GDP 分析主要是对本市 GDP 及人均 GDP 的增长趋势进行分析，并说明 GDP 增速与房地产发展的关系。策划人员可以通过与其他相关城市的横向比较突出本城市的经济实力。下面是合肥市综合体项目的 GDP 与人均 GDP 分析。

（1）GDP 与人均 GDP 增长趋势

从合肥市 2003～2010 年的 GDP 增长来看，GDP 经济总量稳步快速上涨，平均涨幅保持在 17％以上，且合肥市在 2008 年和 2009 年也有高达 17％及以上的涨幅，基本未受金融危机的影响。

从合肥市 2003～2010 年的人均 GDP 增长来看，同 GDP 总量走势一致，呈稳步快速上涨态势。2010 年，合肥市人均 GDP 为 54601 元。

（2）GDP 增速与房地产发展关系

GDP 增速小于 4％时，房地产发展萎缩；

GDP 增速 4％～5％时，房地产发展停滞；

GDP 增速 5％～8％时，房地产稳定发展；

GDP 增速大于 8％时，房地产高速发展。

（3）与相关城市横向比较（略）

（4）小结

2010 年，合肥市实现地区 GDP 2702.5 亿元，按可比价格计算，比上年增长 17.5％，增速较上年加快 0.2 个百分点。随着合肥市人民生活水平的不断提高，社会消费零售总额同比增长 19.8％，达到 839.02 亿元，城镇居民消费性支出也不断在提高。

2. 固定资产与房地产投资分析

固定资产投资的增长能带动房地产市场的发展，提供房地产发展的环境基础。在分析时，主要是对近年来固定资产与房地产投资额及增长趋势进行分析。下面是某二线城市综合体项目的固定资产与房地产投资分析。

图 1-1 是某市固定资产投资和房地产投资走势。由图可知，该市房地产投资和固定投资双双保持稳步增长的态势，但房地产投资比重依然较小。

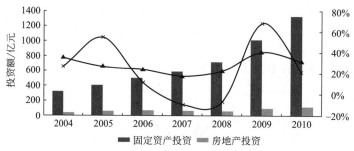

图 1-1　某市固定资产和房地产投资走势

该市固定资产投资中，城市基本建设占比较大。城市基础设施的不断完善以及大规模拆迁的进行，均为房地产市场的发展奠定了坚实的基础，也提供了大量的刚性需求。

3. 产业结构分析

二线城市综合体项目产业结构分析是指对城市第一产业、第二产业以及第三产业的比重以及发展趋势进行分析。下面是某二线城市综合体项目的产业结构分析。

图 1-2 是某市产业结构变化走势。由图可知，该市产业结构以第二产业为主，第三产业

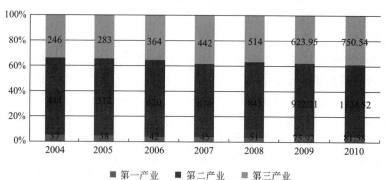

图 1-2　某市产业结构变化走势/亿元

发展势头强势，随着城市未来规划发展，服务产业将会有更大的上升空间。

注：产业比例是衡量一个城市经济发展所处阶段的核心指标，一般而言，第一产业比重高，社会经济发展水平较低；第三产业比重高，社会经济水平也较高。

经过数年的发展，该市经济结构由原先靠工业为经济发展唯一拉动力逐步改善为二三产业共同带动经济发展，产业结构更为合理。

4. 人均可支配收入与消费支出分析

城市人均可支配收入与消费支出分析是指通过对城市居民的收入水平以及消费能力的分析，说明本市居民的消费习惯及如何引导居民的居住消费需求。下面是某二线城市综合体项目的人均可支配收入与消费支出分析。

图 1-3 是某市人均可支配收入及人均消费支出走势。由图可知，该市居民人均可支配收入逐年稳步递增，人民生活水平不断提高，消费能力也随之加强。

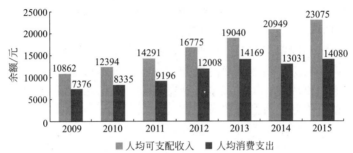

图 1-3　某市人均可支配收入及人均消费支出走势

人均可支配收入稳步增长，居民消费能力得到提高，但随着物价的通胀，人均消费增速明显放缓，加上该市居民消费习惯相对保守，因而该市住房需求需要引导与创造，培养其投资与改善居住条件和环境的意识。

二、二线城市综合体项目经济环境分析的要诀

二线城市综合体项目经济环境分析的要诀主要有以下两个。

1. 要诀一

从城市综合体项目所在二线城市的 GDP、固定资产投资、人均可支配收入等多个角度对城市的经济状况进行综合分析，以总结出该城市发展综合体项目的有利机会。下面是某二线城市综合体项目的经济环境分析。

① 2012 年全年实现生产总值 3012.81 亿元（2013 年上半年 1685.14 亿元）；

② 三次产业增加值占比为 9.7：48.5：41.8；

③ 全市户籍人口约 1033.77 万人，市区人口约 236 万人；

④ 城镇居民人均可支配收入 24452 元（2013 年上半年 13140 元）；

⑤ 全市实现社会消费品零售总额 1571.9 亿元；

⑥ 全年游客 4275.6 万人次，总收入 358.8 亿元；

⑦ 全社会固定资产投资全年完成 2016.7 亿元（2013 年上半年 934.96 亿元）；

⑧ 全年完成房地产开发投资 233.5 亿元（2013 年上半年 121.3 亿元）；

⑨ 全年商品房销售面积为 727.8 万平方米（2013 年上半年 315.04 万平方米）。

强劲的经济实力为该市房地产市场的未来发展提供保障；该市整体经济虽位处全省中等水平，但每年呈现强劲的增长势头，近年来 GDP 保持 13% 左右的平均增幅。2012 年 GDP 总量达 3012.8 亿元，在全省排名第六位（2011 年第八位），处于中上水平；该市将依托鲁

南苏北先进制造业聚集区、全国商贸物流中心、全国优质农产品生产基地的城市功能定位，其经济实力将迅猛发展。

2. 要诀二

在分析完城市经济环境的各项分析要点后，应对城市经济环境对房地产市场发展的影响进行总结，并提出开发企业面对该经济环境所应做出的相应策略。下面是某二线城市综合体项目的经济环境分析。

××市整体经济形势稳步快速增长，在固定资产投资拉动经济增长的同时，也对××市房地产包括本项目开发的水准创造了提升的条件、提出了提升的要求。

2010～2015年××市GDP年均增幅15%，超过了国家整体GDP增长水平，整体经济实力增长较快，为房地产市场的发展奠定了实力基础。

××市固定资产投资增长稳定，年均增幅30%以上，2010年固定资产投资额达到了1772.7亿元。在对城市道路、桥梁、房屋、场馆、医疗、教育等基础及公共设施的投入不断增加的同时，也提升了房地产发展环境基础。

启示：××市经济和固定资产投资的快速增长，为××市房地产发展奠定了坚实的环境基础；从另一方面说，经济的增速也必将提升下一步××市房地产的发展水准。对于企业来讲，面对日益转化的城市环境，企业在项目开发定位上必须迎合甚至引导时代的变化，方能在今后愈演愈烈的竞争中处于有利态势。

第二节
二线城市综合体项目如何进行政策环境分析

二线城市综合体项目政策环境分析是指为了了解政府是否出台有利于项目开发的利好政策或其他稳定房地产市场的相关政策而进行的调控政策分析、货币政策分析、税收政策分析等。下面将对政策环境分析的方法及各类型政策分析的要诀进行说明。

一、二线城市综合体项目政策环境分析的常用方法

二线城市综合体项目政策环境分析的常用方法主要有以下两种。

1. 方法一

按照政府政策出台的时间顺序罗列与本项目开发相关的各种政策，最后进行总结。下面是某二线城市综合体项目的政策分析。

表1-1是某市房地产市场调控政策分析。

表1-1　某市房地产市场调控政策分析

日　期	政　　策	摘　　要
4月5日	小产权房清理方案上报国务院，措施含强制拆除	在国土部初步的清理思路中，违法建筑、有严重质量问题、侵占耕地、严重影响城乡规划的小产权房将被清理，并追究开发商、村集体等相关人士的责任；并且，出售小产权房的农民将不得重新申请宅基地
4月9日	某省物价局：商品房销售必须执行"一价清"制度	省物价局日前发出通知，要求全省房地产企业的商品房销售必须严格执行"一价清"。根据这一规定，商品住房销售价格为商品房经营者与购房者最终结算的合同成交价格，合同成交价格之外不得收取其他费用

日　期	政　策	摘　要
4月11日	最高法出台司法解释：政府申请强拆必须先评估稳定风险	4月11日，最高人民法院出台《关于办理申请人民法院强制执行国有土地上房屋征收补偿决定案件若干问题的规定》，明确要求，如果补偿明显不公，法院不能受理行政机关提出的强制执行申请。这个总共11条的司法解释，自2012年4月10日起施行
4月24日	住建部调研住房公积金条例修改，使用范围或扩大	目前，住建部正在各地就公积金条例的修改进行全面调研，公积金使用范围有望进一步扩大。另据悉，公积金针对购买首套房的扶持政策目前仍由各地自行制订，住建部暂不会对此出台统一政策
5月17日	南通出台新规优惠个人限价住房贷款	为加快推进南通市区保障性安居工程建设，改善住房供应结构，不断完善市区住房保障体系，扶持中等偏下收入住房困难家庭购买保障性（限价）商品房，南通市房管局发布通知称，与建设银行南通分行签订了《关于支持购买保障性（限价）商品房贷款合作协议》，加大对个人购买限价商品房贷款需求支持
5月18日	央行下调存款准备金率0.5个百分点	从2012年5月18日起，下调存款类金融机构人民币存款准备金率0.5个百分点
5月25日	深圳小产权房有望确权	"深圳市土地管理制度改革综合试点"将正式启动。《证券时报》记者了解到，这一试点启动的背景是，酝酿了两年的《深圳市土地管理制度改革总体方案》于近期获批，深圳有望在土地改革上再次示范全国
6月1日	无受理凭证的不得代领产权证	《房地产登记技术规程》6月1日起施行，进一步规范了房屋登记行为，维护了房地产交易安全，也方便了市民的办事流程
6月8日	央行三年来首度降息	中国人民银行决定，自2012年6月8日起下调金融机构人民币存贷款基准利率。金融机构一年期存款基准利率下调0.25个百分点，一年期贷款基准利率下调0.25个百分点；其他各档次存贷款基准利率及个人住房公积金存贷款利率相应调整
6月12日	《公共租赁住房管理办法》出台，租金低于市场价格	6月12日，住房城乡建设部公布《公共租赁住房管理办法》（以下简称《办法》）。《办法》对公共租赁住房的申请条件、运营监管、退出机制等做出明确规定。同时明确，公共租赁住房可以通过新建、改建、收购、长期租赁等多种方式筹集，可以由政府投资，也可以由政府提供政策支持、社会力量投资
6月19日	鼓励房地产开发商建设绿色住宅小区	"十二五"期间将重点推进绿色建筑规模化发展，引导房地产开发类项目自愿执行绿色建筑标准，鼓励开发商建设绿色住宅小区
6月18日	别墅类房地产首次进入限制禁止用地项目目录	首次列出住宅项目容积率不得低于1.0的标准，与国土资源部近两年为规范房地产用地供应管理对用地容积率控制标准做出的限定保持一致

　　小结：中央对于房地产的调控已经持续相当长的一段时间，而且蔓延到二三线城市，政策调控对于××市房地产市场造成了相当大的冲击。目前，××市整体的房地产市场仍然处于蓄势待发的阶段。

2. 方法二

　　按政府出台相关政策的类型，如调控政策、金融政策、税收政策等分类进行分析，最后再进行总结。下面是某二线城市综合体项目的政策分析。

　　（1）调控政策

　　2012年政府换届期间，年内政策无松动迹象。

① 中央不断重申调控方向不动摇、调控力度不放松，且明年调控基调也已确定为不动摇；

② 温家宝总理更是将调控目标从"抑制房价上涨过快"改为了"坚定下调房价"。

（2）金融政策

四大银行首套房利率回归基准利率。中国工商银行、中国农业银行、中国银行、中国建设银行日前共同研究差别化房贷政策，其中提到"切实满足居民家庭首次购买自住普通商品住房的贷款需求，合理权衡定价，在基准利率之内根据风险原则合理定价。"这意味着四大行首套房贷利率将不高于基准利率。

（3）小结

2012 年中短期内楼市好转希望不大，今年政策调控主基调是"维稳"。

二、二线城市综合体项目政策环境分析的要诀

1. 调控政策分析的要诀

在分析政府出台的调控政策时，应对政府针对住宅、商业等不同产品类型所制订的不同调控政策分别进行分析，并结合本项目说明该政策对项目产品类型的选择所带来的影响。下面是某二线城市综合体项目的调控政策分析。

近两年来，国家对住宅市场持续调控，在调控的大背景下，品牌房企、保险资金、投资者将目光转向了受新政影响较小的商业地产，商业物业投资市场未来发展空间广阔。

2003 年，国务院发布了《关于促进房地产市场持续健康发展的通知》，提出房地产业已成为国民经济的支柱产业，中国房地产市场由此进入飞速发展阶段，国家开始了对房地产市场的调控。

伴随着房地产市场的走势，国家对房地产的调控政策也有所转变。2003 年以来国家的房地产调控政策分为三个阶段。

第一阶段：2003 年至 2008 年上半年，紧缩性调控。

2003 年，调控开始；

2004 年，调控加强；

2006 年，调控达到顶峰。

第二阶段：2008 年下半年至 2009 年第三季度，宽松性调控。

2008 年下半年，调控松绑。

第三阶段：2010 年至今，紧缩性调控。

2009 年年底，稳健性紧缩调控；

2010 年至今，重拳出击。

国家对于房地产市场的调控重点仍是针对商品住宅市场，对于商用地产没有明确的政策导向。

政府对于商品住宅市场的调控政策效果之一便是众多开发商将商用地产作为发展的方向之一，这将带动商用地产市场的蓬勃发展，同时也会引起房地产消费市场对商用地产的关注。

对于本项目而言，依然能够有足够的政策空间，应该把握机遇，打造相应的产品，抢占市场先机。

2. 货币政策分析的要诀

二线城市综合体项目货币政策分析的要点包括对贷款要求、购房首付比例、贷款利率、存款准备金率等相关政策的分析。下面是某二线城市综合体项目的货币政策分析。

2010 年国家出台的相关货币政策见表 1-2。

表 1-2　2010 年相关货币政策

日　期	政　　策
2010.1.10	国办发出通知,出台国十一条,严格二套房贷款管理,首付不低于 40%
2010.2.20	银监会发布流动资金贷款管理暂行办法,打击炒房者
2010.4.11	银监会:银行不得对投机投资购房贷款
2010.4.15	国务院常委会:二套房贷款首付不得低于 50%
2010.4.18	国务院:房价过高地区可暂停发放第三套房贷
2010.8.26	六部门联合试行住房公积金督察员制度,以确保资金安全
2010.9.30	商品房首付款比例调整到 30% 及以上,3 套房贷暂停
2010.10.20	央行上调人民币存贷基准利率 0.25 个百分点 住建部:五年期住房公积金贷款利率上调至 3.50%
2010.11.1	11 月 1 日起,全面取消房贷 7 折利率,银行给予房贷客户的利率优惠下限调整为同档期基准利率的 85%
2010.11.5	监管部门:房企贷款总额不得超过在建工程的 50%
2010.11.9	住建部:人均住房建筑面积低于当地平均水平,仅限购买普通自住房,方可获公积金二套房贷款
2010.11.10	央行:16 日起上调存款准备金率 0.5 个百分点

3. 税收政策分析的要诀

二线城市综合体项目税收政策分析的要点包括政府是否出台税收优惠政策、是否征收新的税种、是否调整各种税收的税率等。下面是某二线城市综合体项目的税收政策分析。

2011 年出台的最新相关税收政策主要有以下几条。

①"国八条"规定,对个人购买住房不足 5 年转手交易的税收优惠取消。

② 1 月 28 日重庆、上海启动房产税试点征收,目标直指高端房和投资客。

③ 11 月,河南上调土地增值税核定税率。

4. 政策环境预测与分析总结的要诀

在进行二线城市综合体项目政策环境预测时,可以先对近几个月来出台的政策对房地产市场量价的影响进行分析,再对政府未来可能出台的政策进行预测并分析其将对房地产市场造成的影响。下面是某二线城市综合体项目的政策环境预测与分析总结。

(1) **房地产市场走势**

2010 年以来,某市房地产市场走势如图 1-4 所示。

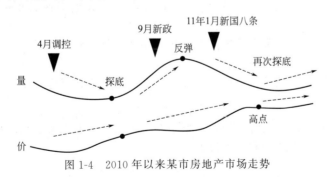

图 1-4　2010 年以来某市房地产市场走势

（2）政策环境预测

① 短期内不大可能出台更为严厉的政策，以巩固现有调控成果为主。

② 调控对于成交量的抑制作用最为明显，但价格平缓上行的趋势短期内难以改变。

（3）政策环境分析总结

① 从宏观政策环境来看，短期内政策不存在任何松动的可能性，但也不大可能再出更为严厉的政策。随着限购、限贷范围的扩大，未来以再改为主的弹性需求空间将被进一步地压缩，而多次的加息等金融政策导致购房者的置业成本提升，尤其是首置者的压力加大。

② 整体来看，在调控持续加压的情况下，该市成交量下挫成为必然。现有情况下，调控边际效力正在递减，受此影响，以首置和首改为主的刚性需求依然将是支撑该市楼市成交的主要力量，在此基础上，面积和总价的控制将变得尤为关键。

第三节
二线城市综合体项目如何进行城市环境分析

二线城市综合体项目城市环境分析是指为了判断该城市的区位、交通、产业、人口等情况的发展变化对项目开发所造成的影响而进行的城市概况分析、城市交通状况分析、城市资源状况分析、城市人口状况分析、城市产业分析以及城市发展规划分析等。下面将分别对其分析的要诀进行说明。

一、城市概况分析的要诀

二线城市综合体项目所在城市概况分析应重点突出其发展城市综合体的优势，一般可以从城市性质、地位以及区位优势等角度考虑。下面是镇江市某综合体项目的城市概况分析。

1. 城市性质和地位

镇江市地处我国东部沿海、江苏省南部，长江与大运河在此交汇，自然地理优势明显，是我国经济发展最快的长江三角洲区域中心城市。

（1）城市性质

镇江市为国家历史文化名城、长江三角洲重要的港口、风景旅游城市和区域中心城市之一。

（2）城市地位

镇江口岸是国家一类对外开放口岸，海关、商检、卫检、动植物检验检疫机构齐全。高资港区、龙门港区、镇江港区、谏壁港区、高桥港区、大港港区、扬中港区构成镇江港口群。

同时，镇江市也是江苏省重要的高教、科研基地，拥有江苏大学、江苏科技大学、中国蚕研所等一流的高校和科研机构。

镇江作为旅游、休闲型地级城市，城市化建设进程处于初级建设阶段。

2. 城市区位

镇江市具有凸显的区位优势，是长三角中心城市之一，融入长三角两小时经济圈，成为连接南京都市圈和苏锡常经济圈的重要枢纽。

（1）城市概况

镇江地处江苏省西南部，东南接常州市，西邻南京市，北与扬州市、泰州市隔江相望，同时又处于长江和京杭大运河"十字黄金水道"的交汇处，是长三角重要的制造业基地和能源基地、长三角区域物流中心城市、适宜创业和居住的生态城市、古代文明和现代文明交相辉映的江南名城。

（2）在长三角的区位

镇江是长三角中心城市之一，处于长三角两小时都市圈内，西距南京50km，东距上海200km，处于南京都市圈和苏锡常经济圈的交汇点，区位优势突出。

二、城市交通状况分析的要诀

发达的交通网络是城市综合体项目开发的有利条件。在进行分析时，除了对目前城市内外交通的基本现状及优势进行分析之外，还应对未来城市的交通规划建设及对项目的有利影响进行分析。下面是镇江市某综合体项目的城市交通条件分析。

镇江位于江苏中部、长江下游南岸，西接南京，东临上海，北与扬州"京口瓜州一水间"，是长江三角洲的咽喉之地。

镇江作为宁镇圈、镇扬泰圈、镇常圈三大交通网络圈的核心，交通优势非常明显。镇江临江近海，水陆交通极为便利，京沪铁路横贯东西，国家规划中的京沪高速铁路穿区而过，"铁、公、水、空"立体交通优势缩短镇江与周边城市的直线距离。

① 京沪铁路横贯东西，沪宁铁路贯穿南北，国家规划中的京沪高速铁路穿区而过，规划中沿江城际铁路将缩短镇江到南京和上海的距离。

② 沪宁高速公路、312国道和104国道、沿江公路穿越境内，公路网四通八达，连接苏北及至中部省份的长江大桥使镇江的交通优势更加突出。

③ 长江与京杭大运河在镇江交汇，构成全国最大的十字黄金水道。

④ 南京禄口国际机场和常州机场分别距镇江市区均为60km。

三、城市资源价值分析的要诀

在分析城市综合体项目所在城市资源环境时，可以从城市自然、人文、历史等角度对城市的资源价值进行挖掘和描述。下面是镇江市某综合体项目的城市资源价值分析。

镇江以历史与现代的有机结合令人耳目一新。镇江山青水秀，人杰地灵，自然资源丰富，历史悠久，人文荟萃；挖掘提炼自然、人文、历史，注入新的内涵，展现出个性的魅力城市。

① 金山以"金山寺裹山，见寺，见塔，不见山"的风貌而蜚声海内外。

② 焦山形似浮玉，满山葱茏，"二十四景"和丰富的文化遗存令人赏心悦目。

③ 北固山现存诸多文化古迹，人文景观众多，睹景思情，如烟的往事历历在目。

④ 茅山以大茅峰、中茅峰、小茅峰为主体，有九峰、二十六洞、十九泉、二十八池的美景。

⑤ 宝华山是目前国内最大的传戒道场，宝华山也被称为"律宗第一名山"。

⑥ 南山风景区人文景观与自然景观相得益彰，既是国家森林公园，也是著名的省级风景区。

四、城市人口状况分析的要诀

城市综合体项目的开发需要有较大的人流量作为支撑。在分析城市的人口状况时，需要对城市的人口增长情况及住房需求进行分析，并说明其人口状况对本项目开发的影响。下面是郑州市人口状况分析。

郑州城市化率、刚性人口的稳步激增，将在未来几年内拉动郑州房地产的良性发展，为郑州房地产及项目开发水准的提升奠定坚实的基础。

按照郑州市城市发展规划，至 2020 年，全市总人口将达到 1100 万，城市化水平 80% 左右。其中市区人口 500 万，人口规模较目前扩大 0.5 倍，按人均住房面积 20m² 计算，相当于未来十年将新增 3700 万平方米的刚性住房需求，年均新增刚性需求将达到 370 万平方米。

历年来，郑州城镇人口增加绝对值基本在 8 万～14 万之间，年均增长 12 万，其中市区人口约为 10 万，按人均住房面积 20m² 计算，相当于每年将新增 200 万平方米的刚性住房需求。

启示：郑州市作为省会中心城市，城市规模的扩展、城市化率的加速、刚性人口的激增，将对郑州房地产市场的开发前景奠定基础。

而对于企业来讲，随着城市发展格局的演变，在参与到这种"分羹"的过程的同时，又将直面各种威胁。同样是机遇和挑战，必将要求企业充分挖掘自身板块运动的先决优势，将其发展为可持续发展的竞争条件，方有更多机会向更为广阔的发展空间迈进。

五、城市产业分析的要诀

二线城市综合体项目城市产业分析的要诀主要有以下两个。

1. 要诀一

在进行城市产业分析时，对城市主要的产业集群及区域分布情况进行全面的分析。下面是临沂市某综合体项目的城市产业分析。

临沂市已形成板材、建材、塑料、五金四大产业集群，城市房地产正处于快速发展的关键时期。临沂已形成四大产业集群：

① 以义堂镇、朱保镇和探沂镇为主的板材产业发展区；

② 以傅庄镇、汤庄镇为主的建材产业发展区；

③ 以半程镇、枣沟头镇为主的塑料产业发展区；

④ 以汤头镇、太平镇为主的五金产业发展区。

2. 要诀二

跟项目开发有密切联系的产业类型应进行重点的分析研究，分析的要点包括产业简介、产业的现状、现存问题、发展机遇以及发展目标等的分析。下面是合肥市某综合体项目的城市产业分析。

（1）合肥汽车产业简介

合肥汽车产业通过坚持走自主创新和自主品牌发展道路，已拥有规模以上汽车整车及专用车生产企业 10 家，零部件生产企业 200 多家。

汽车整车生产企业有安徽江淮汽车股份公司、安凯汽车股份公司、合肥昌河汽车有限公司、安徽安凯车辆制造公司、安徽江淮客车公司等。汽车生产的龙头企业，安徽江淮汽车股份公司（以下简称江汽股份）、安凯汽车股份公司（以下简称安凯股份）均为上市公司。

合肥汽车产业的经济总量正在不断增大。

目前，合肥市汽车已形成以轻型、中型和重型载货车、客车、商务车、微型车、轿车为主导产品的系列化发展格局，具有中国最全的商用车产品型谱。合肥机动车保有量正以每年 24% 左右的速度急剧增加，机动车注册保有量已突破 83 万辆。

（2）合肥汽车产业现状分析

① 产业规模不断扩大

a. 合肥市的汽车产业随着全国汽车产业的高速发展，形成了多品种、全系列的各类整车和零部件生产及配套体系，产业集中度不断提高，产品技术水平明显提升，已经成为国内汽车生产大市。

b. 2010 年，全市汽车产量已达 52 万辆，汽车产业工业总产值 640 亿元（其中包括汽车轮胎 54 亿元），分别比 2005 年增长 370%，年均增长 29%。2010 年，江汽集团产销各类汽车 46 万辆，产销量在中国汽车行业中排名第 10 位。

② 产品水平不断提高

a. 合肥汽车产业主导产品在细分产品市场中逐步形成优势，江淮汽车集团公司的"宾悦"、"同悦"、"和悦"系列轿车先后成功投放市场。

b. 2010 年，江淮汽车实现 200 万辆汽车下线，瑞风商务车销售量位居全国第一，自主品牌"和悦"轿车销售量达 10 万辆，带动江淮股份公司高达 90% 的业绩成长。汽车发动机、变速箱、车桥、悬梁、汽车电子等关键零部件生产已具备相当规模，在国内占据了重要地位。

③ 技术创新能力不断增强

a. 合肥汽车产业一直坚持"以技术创新促进自主品牌发展"的战略，现已形成 30 多个系列、近 400 种车型，大大优化了汽车产品的结构。

b. 截止到 2010 年，合肥市在汽车领域拥有国家级重点新产品 10 项，省级重点新产品 25 项，荣获国家级科技进步奖 10 项，省级科技进步奖 15 项，市级科技进步奖 16 项；拥有专利 200 多项，其中发明专利 36 项。

④ 新能源汽车发展迅速

a. 合肥市是国内新能源汽车研发和生产起步较早的城市，被列入国家"十城千辆"新能源汽车示范运行的城市。

b. 安凯股份、江汽股份、国轩高科动力能源有限公司等企业先后研发试制了多种新能源客车、轿车和汽车动力电池，并批量生产，市场反映很好。

c. 2010 年，合肥市生产了 150 辆纯电动客车、585 辆纯电动轿车，建设了全国最大的纯电动汽车充电站，在全国处于领先地位，具备了成为全国重要的新能源汽车制造业基地的条件。

（3）合肥汽车产业现存问题

① 总体规模仍然偏小。江汽股份虽然在 2010 年全国 100 家汽车企业销售排名第 10 位，产量 46 万辆、销售量 46 万辆，而四大汽车集团（上汽、北汽、长汽、东风）产销量都在 200 万辆以上，差距很大，与外国的丰田、通用、大众、福特等公司相比更是相差几个数量级，即使与省内的奇瑞汽车相比，也有一定差距。奇瑞汽车近年来发展异常迅猛，2010 年销量一举突破 70 万辆，在自主品牌中居全国第一。

② 产业外向度仍需加强。当前国内上规模的汽车企业大都以各种方式与世界著名汽车集团进行合资，一汽与德国大众、奥迪，上汽与德国大众、美国通用，东风背后是法国标致和雪铁龙、日本日产，广汽有日本本田，北汽有韩国现代，长安是美国福特、法国标致和雪铁龙。相比之下，合肥汽车企业与国内外大型汽车企业的合作仍需加强。

③ 产业集群规模不大。近几年，随着合肥招商引资力度的加大，围绕江汽股份等整车企业配套的汽车配套企业增加近 100 个，使合肥的汽车配套企业达到了 200 多个，同时也引进了江森、德尔福、美国车桥等国外公司。

不过，合肥没有形成如天津经济技术开发区里的汽车零部件产业集群那样，分别为奔驰、宝马、丰田、现代等整车厂提供配套，也尚未突破发展"家门口"市场的观念，去走中性化发展道路，独立经营，创造面向市场为多家整车企业配套的局面。

④ 基础件和基础工艺发展滞后。合肥汽车产业发展迅速，但是为汽车产业配套的基础

件如液压件、密封件、塑料件等以及基础工艺如铸造、锻压、热处理、焊接、表面处理等发展滞后，关键的铸锻件、热处理件以及表面处理件，本地不能加工生产，还需要到江浙地区进行外协。

（4）合肥汽车产业发展机遇

① 自主品牌汽车市场将会扩大。根据国家制订的《汽车产业调整和振兴规划》，自主品牌乘用车国内市场份额要达到 40％以上，自主品牌轿车市场份额要达到 30％以上，并且自主品牌汽车出口要达到汽车总销量的 10％。

② 新能源汽车销量得到大幅提升。新能源汽车销量将占乘用车销售总量的 5％左右。国家出台的《节能与新能源汽车示范推广财政补助资金管理暂行办法》，给新能源汽车发展带来更多机会。

③ 汽车产业结构调整步伐加快。目前，我国汽车市场正处在增长期，城乡市场需求潜力巨大，汽车产业发展的基本面没有改变。为积极应对国际金融危机，保持经济平稳较快发展，国家出台了加快汽车产业调整和振兴的一系列措施和政策。

④ 汽车零部件产业将会快速发展。"十二五"期间，我国汽车需求仍将保持增长，国外汽车企业向我国加速转移速度加快。本轮转移将会带动本土拥有自主品牌的汽车零部件配套企业的发展，尤其是具有自主开发能力的汽车零部件企业，将会得到联合开发、定向采购的历史机遇。

⑤ 汽车销售市场前景广阔。2009 年，在燃油税改革、下调成品油价格以及振兴规划出台的各项促进汽车消费政策推动下，国内车市止跌回稳，汽车销量逐月递增。今后 15～20年，是我国汽车产业发展的黄金时期，我国全面进入汽车社会、成为世界汽车大国和强国、成为世界汽车重要生产基地的目标一定能够实现。

（5）合肥汽车产业发展目标

① 产业规模显著提升。到 2015 年，汽车整车生产能力达到年产 250 万辆（其中新能源汽车 50 万辆），发动机 150 万台；本地零部件配套率超过 60％；培育产值超千亿大型企业 1家，产值超百亿企业 1 家，工业总产值达到 1500 亿元，年均增长 20％；累计完成投资 700亿元。

② 大力发展新能源汽车。到 2015 年，完成 10 万辆新能源汽车的推广任务，包括在小区、酒店、写字楼等车辆集中地配套建设充电站、建设新能源汽车的检验检测中心、开展电池租赁新商业模式以及建设废旧电池的回收再利用工作试点，争取在新能源汽车的生产及推广方面走在世界的前列。

六、城市发展规划分析的要诀

城市未来的发展规划对城市综合体项目的开发有重要的影响，某些具有较大发展空间的区域能有力推动项目的成功开发。在进行分析时，主要是对城市综合体项目所在城市的总体空间布局以及区域的未来发展方向进行重点分析。下面是某二线城市综合体项目的城市发展规划分析。

1. 城市总体规划

城市规划向南拓展，项目所在区域面临利好的发展机遇。××市总体布局采取的是"集中组团式"布局形态。

依托铁路、主干公路、航空港等重大设施，总体上向南发展，适度向城区东西两翼扩展，控制向北发展，远景在大、小黑河之间预留发展空间。

突出城区的行政、商贸、金融、信息、科技、文化、教育功能，把一些不适宜的职能向外围组团和向城镇扩展。

城市规模：到 2020 年，全市总人口将达到 320 万人。

城市性质：××市是××首府和政治、经济、文化中心，国家历史文化名城，我国北方沿边开放地区重要的中心城市。

规划面积：2100km²。

2. 城市空间发展规划

城市新区的空间发展规划是项目的有力驱动。城市空间发展概括：西联（联合——与××开发区联手发展）、东理（梳理）、北控（控制）、南拓（开拓）、中疏（疏解）。

集中力量，引导城市全力向南发展，开拓城市新区。形成"双核心、多组团"的城市空间结构，"五、三、一"的城市绿色生态系统，即五片楔型生态绿地、三条河流及两岸绿化（大、小黑河及西河）、一个绿色大背景（大青山）。

根据××市的规划，城市发展是以中心城区、卫星城和中心镇三级体系布局的，逐步形成以中心城区为核心、卫星城为骨干、中心镇和一般镇合理功能互补的城市群。

3. 城市化进程加快

近郊新区逐渐融为城市的一部分，区域价值平台提升；项目位于南部新城组团，重点发展教育科研和现代物流。××市未来的城市化进程：

① 2017 年，××市城市化率达 40％；

② 到 2025 年，中心城市、三个卫星城市及两个县城人口规模共达到 260 万人左右，城市建成区控制在 200km² 左右；

③ 2020 年，国内生产总值力争达到 700 亿元，到 2025 年力争突破千亿元大关；

④ 2022 年，××市城市化率力争达到 65％。

根据发达国家经验，当一个区域城市化率超过 65％，该区域城市化速度会迅速提速。

第四节

二线城市综合体项目如何进行房地产市场分析

由于城市综合体项目包含有多种的物业类型，在进行市场分析时，除了对房地产市场的整体情况进行分析之外，还应根据项目的实际情况，有针对性地对住宅市场、商业市场、写字楼市场、酒店市场、公寓市场等的发展现状、供需状况以及未来发展趋势等分别进行分析。

一、二线城市综合体项目房地产市场分析的步骤及各步骤的分析要诀

无论是哪种物业类型市场的分析，其基本要诀是按照市场发展现状、市场供需情况、市场发展趋势的分析思路来了解城市综合体项目各物业类型的需求及其发展前景，为项目产品类型的准确定位提供充分的依据。下面将对房地产市场分析各主要步骤的分析要诀进行说明。

1. 市场发展现状分析的要诀

二线城市综合体项目市场发展现状分析是指对住宅、商业等市场目前所处于的旺盛或低迷的状态进行总体的描述，一般可以从销售价格、销售面积等的涨幅情况来分析市场现状。下面是某二线城市综合体项目的住宅市场发展现状分析。

（1）××市住宅市场

2011年，××市住宅市场遭受"毁灭性"打击，销量同比下滑超50%，销售均价下半年出现松动，同比增幅急速下滑。

① 商品住宅供应面积同比减少21%，商品房销售面积同比减少53%。

② 2011年全年供求比1.45∶1，全年存量206万平方米。

③ 商品房销售均价同比上涨17.5%。

④ 商品住宅均价上半年受2010年市场影响，依然维持较高同比增幅，年中达到全年较高水平；然而，下半年上涨力度减弱，环比基本保持平稳，同比增速逐月回落，年底同比增速转变为负增长。

（2）××区住宅市场

区域住宅市场以刚需为主力消费，价格回环下挫，但短时间内需求仍旧较为旺盛。

① ××区2011年全年住宅市场处于寒冬期，3月份价格一路跌入谷底。迫于年底回款压力，多个项目采取高折扣促销手段，销售面积有所增加，价格下跌近20%。

② 商品住宅供应面积同比减少18%，销售面积同比减少32%。

③ 商品住宅均价上半年受惯性拉升，依然维持较高同比增幅，年中达到全年较高水平；下半年受市场观望氛围影响，上涨力度减弱，环比基本保持平稳，同比增速逐月回落，年底同比增速急速下降。

④ 目前片区住宅项目中，价格成为决定性因素。××区住宅成交价格仍以6000～6500元/m²为主流区间，各占总成交套数的43%，说明此价格区域目前市场接受比例较高；其次为8000～8500元/m²的价格区间，此价格段为前期备案，主要受个案影响。

2. 市场供应情况分析的要诀

二线城市综合体项目市场供应情况分析是指对住宅、商业等市场的供应分布特征进行分析，具体包括新增供应与存量分布情况、供应类型分布情况以及各板块分布比重等。下面以写字楼市场为例，对市场供应情况的分析要诀进行说明。

（1）要诀一

在分析区域写字楼历年新增供应及存量分布情况时，应对不同类型写字楼历年的供应特征分别进行分析。下面是某二线城市综合体项目的区域写字楼历年新增供应及存量分布分析。

① 甲级写字楼历年新增供应及存量分布。年度供应特征如下。

a. ××市甲级写字楼市场以2010年××路商务区供应的财富一期项目为起步，快速发展起来。

b. 2013年与2014年两年为市场供应的第一次高峰，年均供应量超过35万平方米。

c. 至2015年年底，××市甲级写字楼市场存量达到103万平方米。

d. 至2016年时市场将再一次进入供应高峰期，年供应量超过40万平方米。

e. 据初步核算，2016年及以后未来市场确认的甲级写字楼供应总面积超过170万平方米。

② 乙级写字楼历年新增供应及存量分布。年度供应特征如下。

a. ××市乙级写字楼市场以2008年以前供应的××大厦、××大厦等项目为起步，逐步发展起来。

b. 2009～2010年期间，乙级写字楼市场供应相对平稳，2011年，乙级写字楼市场年供应供应开始显著上升，在2012年和2015年市场供应迎来两次高峰，分别达到24万平方米和46万平方米。

c. 至2015年年底，××市乙级写字楼市场存量达到170万平方米。

d. 2016 年以后，乙级写字楼供应量开始明显缩减，市场供应下降，据初步核算，××市 2016 年及以后未来市场确认的乙级写字楼供应总面积约 82 万平方米，为甲级物业供应量的五成。

（2）要诀二

在分析区域写字楼供应类型分布情况时，除了对目前区域写字楼的供应类型分布特征进行分析之外，还应对未来供应类型的分布情况进行预测，为本项目写字楼产品类型的选择提供依据。下面是某二线城市综合体项目的区域写字楼供应类型分布分析。

① 目前供应类型分布

a. 目前××市市场上以乙级写字楼为主，面积存量约 170 万平方米，占总体量的 62％，主要分布在市中心、××区等老城区。

b. ××市甲级写字楼市场存量为 103 万平方米，占比重的四成，分布在××路、××区等新兴商务区（注：国际标准甲级写字楼纳入甲级写字楼市场统计范围）。

② 未来供应类型分布

a. 未来××市市场将出现国际标准的甲级写字楼，供应面积达到 82 万平方米，占新增面积比重 30％，主要分布在政务商务区、市中心商务区等中心城区。

b. 通常意义上的甲级写字楼标准的供应面积约 124 万平方米，占 45％，供应比重最大。

c. 乙级写字楼新增供应面积约 70 万平方米，占新增面积比重 25％。

（3）要诀三

为了解写字楼项目在不同区域的分布情况，需要对各区域写字楼的分布比重进行分析，并预测未来各区域写字楼的供应情况。下面是某二线城市综合体项目的区域写字楼板块分布比重分析。

① 目前市场存量特征

a. 目前市场存量上，××市甲乙级写字楼市场总体各区分布相对均衡，每个区比重都在 15％左右。

b. 目前，以政务区比重的分布最高，总面积在 47 万平方米，××商务区比重最低，总面积在 27 万平方米，比重仅为 10％。

② 市场新增供应分布特征

a. 未来的××市市场新增甲乙级写字楼格局分布区域特征将十分明显。

b. 政务商务区新增供应比重达到 41％，总面积达到 98 万平方米，××商务区供应比重为 23％，面积达到 55 万平方米。

c. ××区未来新增的甲乙级写字楼总面积约 15 万平方米，新增供应相对较少。

3. 市场需求情况分析的要诀

二线城市综合体项目市场需求情况分析是指为了解住宅、商业、写字楼等市场的需求情况而进行的客户结构分析、客户需求分析以及核心客户的特征分析等。下面以写字楼市场为例，对市场需求情况的分析要诀进行说明。

（1）要诀一

写字楼的客户群体主要为企业，在分析二线城市综合体项目区域写字楼现有客户结构时，主要可以从现有企业类型比例、数量分布以及来源地特征等方面进行分析。某二线城市综合体项目的区域写字楼现有客户结构分析如下。

① 写字楼驻户分布特征

a. 基于××市的产业特征，目前写字楼的入驻客户中，金融类、生产制造类、物流商贸类、电子通信类企业比重相对较大，咨询服务类亦有一定比例。

b. 金融类比重达到 23％，包括商业银行、投资担保公司、投资管理公司、保险公司等不同企业，是最主要的租户来源。

c. 在企业来源地上，写字楼驻户中以省内企业所占比重最高，达到43％，外资企业仅有7％。

② 现有客户数量分布特征。作为两大主力面积区间，100～200m² 区间上的客户行业分布较为分散，300m² 以上客户则相对集中在生产制造类、地产开发类和金融类公司。

③ 现有客户数量来源地特征。对不同面积区间的来源地特征分析表明，300m² 以上的企业主要为××省级企业和自外省市进入××市的公司，市级企业则大多面积在200m²以下。

（2）要诀二

在分析写字楼客户的需求时，可以从客户的购买/租赁意愿以及选择购买/租赁的方式等角度分析客户的需求。下面是某二线城市综合体项目的区域写字楼客户需求分析。

① 客户拓展意愿

a. 本市写字楼40％的租户对办公面积有拓展意愿，主要为租约到期和企业发展扩张等普通需求，但其选择办公场所考查周期较长。

b. 企业拓展意愿度主要由经营情况、行业发展趋势或总部规划影响。

c. 拓展意愿较强的企业主要考虑为突出企业形象，选择最好最新的楼进行搬迁。

② 客户拓展方式

a. 本地企业主要考虑以购买方式进行面积拓展，既可降低办公成本，也可提高企业形象和资本积累。

b. 省外企业或境外知名企业主要考虑以租赁形式进行，其对租金变化并不敏感。

（3）要诀三

在分析区域写字楼核心客户特征时，需要对不同类型客户在地段、面积、价格、品质等方面的需求的具体情况做详细分析。下面是某二线城市综合体项目的区域写字楼核心客户特征分析。

① 物流贸易类

a. 贸易行业是指通过商务往来实现物品的交易和服务。其行业属性决定其对于办公场所的需求。

b. 贸易类公司数量众多，且规模不同，导致该行业对于物业的需求呈现明显的区别。大型知名贸易公司对于办公楼的品质和地段要求较高，而多数中小型贸易公司则选择便宜的乙级写字楼甚至是商务楼进行办公。

c. 该行业是目前市场上办公需求最活跃的行业。

② 咨询服务类

a. 以律师、广告、会计、文教等企业为主的专业服务类公司是××市写字楼的主要吸纳力量。

b. ××市服务行业尚处于发展初期，专业高质量知名服务公司较少。目前，此行业以本地企业占据主导地位，租金承受能力有限。根据成熟市场发展经验来看，这一行业将会成为优质写字楼的最主要客户群体之一。

③ 电子通信类。高科技信息类企业指以高科技和信息类产品研发、生产、销售及售后服务为主的公司。该产业对物业需求呈现两极分化：××市优质写字楼里的高科技信息类企业多为外资或国内知名公司，而普通写字楼内的租户则是销售和服务环节的小型公司。

④ 金融类机构

a. 银行、保险、投资等大型金融机构以金融服务类公司对办公场地的需求量大，目前是××市写字楼最重要的吸纳力量，该类企业租金承担水平较强。

b. 近年来随着我国内地金融市场的开放，国际国内金融企业对高品质办公物业需求将会进一步增大。

4. 市场发展趋势分析的要诀

二线城市综合体项目的市场发展趋势分析是指对住宅、商业、写字楼等市场的未来发展状况及对项目开发所带来的启示进行分析。在进行分析时，可以针对市场存在的问题提出项目发展的应对策略。下面是某二线城市综合体项目的商业市场发展趋势分析。

（1）××市商业发展状况

目前综合性、主题式商业渐成主流，传统商业没落（图1-5）。

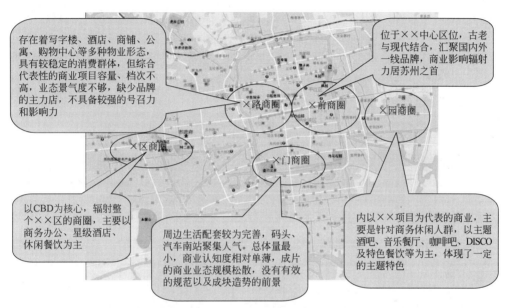

图1-5　××市商圈分布

从目前××市市场在售的商业项目来看，越来越多的是一站式商业或者是主题式商业。一站式商业主要是功能上的逾越，从传统的单纯购物上升到集购物、餐饮、娱乐、休闲于一身。随着社会经济的发展，新事物逐渐为大家所接受并不断推广。仅仅在××市，像××广场、××商业广场、××中心、××国际精品城、××商业城、××购物广场等大大小小的购物中心就有数十个，这种大型综合性商业必将对区域的发展带来革命性的影响。与此同时，各种主题式商业在××市也是遍地开花。如本月开幕的××商业街，长1400m，占地面积9万平方米，总建筑面积1.7万平方米，主要以高端特色餐饮、娱乐及观光、休闲、文化为主题。在综合性商业和主题式商业逐渐成为市场主体的时候，传统商业慢慢淡出市场。

（2）商业市场消费总结论

×前商圈、×路商圈等集各种业态于一体的综合性商业虽已形成较大规模，但缺乏特色，难以形成强大的吸引力来吸引高端人群的消费需求。

×园商圈与×区商圈由各自定位而形成特色主题商业值得借鉴，如何做出特色以吸引消费群体，带动整个商圈的发展，是项目开发成功的关键所在。

二、二线城市综合体项目房地产市场的类型及各类型的分析要诀

二线城市综合体项目市场分析的类型包括住宅市场、商业市场、写字楼市场、酒店市场以及公寓市场等，不同类型市场分析的侧重点会有所差异，下面将分别对其分析要诀进行说明。

1. 住宅市场分析的要诀

在分析住宅市场时，应重点对住宅产品的户型面积、产品设计、园林景观设计、配套设施设置等特点进行分析总结，并通过对该阶段市场特征、消费特征、竞争特征与产品特征的描述，分析消费者的居住需求。下面是某二线城市综合体项目的住宅市场分析。

（1）产品户型面积

从在售产品线来看，区域内主力产品线以两居、三居为主，表现出明显的自住性、舒适性置业特征；小户型供应量小，具体见表1-3。预计随着市场发展，需求将逐步向特色化转移。对于本项目来说，需要考虑当前需求和未来需求格局转变的关系，在满足主流需求的同时，进行产品创新和供应格局转变，以适应市场发展，并以产品品质的提升为基础，向更成熟的综合功能转变，以引领市场需求。

表1-3 某板块在售住宅产品各户型供应量 单位：套

项目	一居	两居	三居	四居	复式
××上郡	—	700	1226	247	23
××城	—	—	540	—	—
××御府	—	579	442	108	—
××星尚	175	169	56	27	—
××万达	—	2900	1280	—	119
××华都	—	500	—	—	—
××新城	273	143	120	—	—
合计	448	4468	3664	382	142

（2）产品设计

从产品设计角度来看，××板块目前的在售项目已通过各种创新方式增加产品附加值，下一步的发展重点将体现在"舒适度"与"功能性"的居住理念组合方面。

板块内各项目产品设计整体偏重经济实用，基本都采取了平层、凸窗设计，少量采用顶层复式设计，具体见表1-4。入户花园、露台、多阳台等已逐渐成为产品基本组合，受价格普遍中低影响，对需要增加成本的半赠送景观功能区间，如入户花园、露台、空中花园、挑高阳台等运用非常少，只有个别新开的项目采用。户型创新空间较大。

表1-4 某板块在售住宅产品设计

项目名称	平层	错层	复式	凸窗	转角窗	步入凸窗	入户花园	露台	多阳台	空中花园	挑高阳台	其他
××上郡	★	—	★	—	—	—	★	—	—	—	—	—
××城	★	—	—	★	—	—	—	—	—	—	—	—
××御府	★	—	★	—	—	—	★	—	★	—	—	—
××星尚	★	—	—	—	—	★	—	—	—	—	—	—

项目名称	平层	错层	复式	凸窗	转角窗	步入凸窗	入户花园	露台	多阳台	空中花园	挑高阳台	其他
××万达	★	—	—	—	—	★	—	—	—	—	—	—
××都	★	—	—	—	—	—	—	—	—	—	—	—
××新城	★	—	—	★	—	★	★	—	—	★	—	—

注：★表示该项目采用了这项设计，—表示没有采用这项设计。

（3）园林景观

从内部环境发展角度来看，××板块在售项目已呈现出多元化的环境特色，尤其在新推项目上，引入了相对新颖的环境设计理念来制造差异化和提升物业价值，发展相对成熟，具体见表1-5。下一步将基于客户群体接受水平、审美水平的提高，向"精细化、主题化甚至个性化"的方向深入延伸。

表1-5 某板块在售住宅产品园林景观设计

项目名称	园林主题	水系	水景	特色树种	老人活动设施	儿童活动设施	网球场	羽毛球场	高尔夫球场	游泳池	休闲设施	社区标志
××上郡	新德式	★	★	★	★	★	—	—	—	—	★	—
××城	现代风格	★	—	—	★	★	—	—	—	—	★	★
××御府	法式风情	★	—	★	—	—	—	—	—	—	★	—
××星尚	新中式	—	★	—	—	—	★	★	—	—	★	★
××万达	新古典主义	—	—	—	—	—	—	—	—	—	—	★
××都	现代风格	—	—	—	—	—	—	—	—	—	★	★
××新城	欧陆风格	★	★	—	★	★	—	—	—	★	★	★

注：★表示该项目采用了这项设计，—表示没有采用这项设计。

（4）配套设施

从住区内部配套发展角度来看，××板块在售项目比较重视基础配套设施的打造，对住区文化辅助功能及设施的引入尚属稀缺（表1-6）。下一步将基于客户群体对居住功能转变的需求，对"住区文化辅助功能"提出更高的要求。

表1-6 某板块在售住宅产品配套设施设置

项目名称	双气	地暖	新风	地温空调系统	会所	商业街	休闲广场	体育场馆	酒店	知名学校	图书/艺术馆
××上郡	★	★	★	—	★	★	★	—	—	★	—
××城	—	—	—	—	—	★	—	—	—	★	—
××御府	★	—	—	—	—	★	—	—	★	—	—
××星尚	—	—	—	—	★	★	★	—	—	—	—
××万达	—	—	—	★	—	—	★	★	★	—	—
××都	★	—	—	—	—	—	—	—	—	—	—
××新城	★	—	—	—	—	★	★	—	★	★	—

注：★表示该项目采用了这项设计，—表示没有采用这项设计。

（5）住宅市场发展趋势

住宅市场的类型可以分为不成熟市场、半成熟市场、基本成熟市场、成熟市场以及高度成熟市场等，各类型的特征见表1-7。××板块房地产市场目前处于基本成熟市场向成熟市场过渡的阶段，下一步的发展方向将随着板块运动，由"市场细分"向"品质化"的方向迈进，5年后将呈现高度成熟市场的特征。

表1-7　住宅市场类型特征

市场类型	市场特征	消费特征	竞争特征	产品特征
不成熟市场	经济性或目标性开发模式，主要考虑客户群体消费能力，容易形成高端、低端两极分化	改善居住空间、应对人口结构的演变或追求身份的认同等，两极分化	缺乏竞争，主要体现在户型、物业管理等方面	产品单一化，主要注重住宅空间布局和整体物业环境的改善
半成熟市场	多元化开发模式，依据城市整体环境的改善而逐步演变，以适应城市中坚阶层需求，开发体量开始提速	改善居住环境，满足依附于城市生活与发展的理性需求特征明显	主要体现在地段、配套、生活环境等方面	在物业类型变化的同时，产品同质化明显，但仍以自居型为主
基本成熟市场	市场细分特征明显，以满足不同层次的客户群体需要，开发主要在于引导不同圈层群体的消费观念，开发体量加速	需求多元化，理性需求与感性需求并存，并逐渐向社会圈层靠近	竞争要素多样化，理性元素感性诉求化特征明显	产品快速向多元化发展，投资型、过渡型等多类产品出现，吸引更大圈层的关注
成熟市场	土地价值的增长带来急速的板块运动，市场开发主流整体倾向于高端物业，物业层次提升，并向更大的领域分流，开发体量迅速膨胀	需求品质化，大量二、三次置业群体的出现，对理性、感性需求均有了质的提升	板块价值竞争明显，其次主要为物业特色及附加价值等方面	多元化产品不断升级，在保持创新的基础上，产品的品质逐渐成为主要因素
高度成熟市场	土地的稀缺性决定市场的衰落，开发主要考虑方向是利益的最大化，在此基础上决定物业组合模式，开发萎缩	主要为价值的认同，逐渐回归到居住空间层面	缺乏竞争，主要在于价格能否符合消费的适应性	受圈层的影响，产品发展逐渐回归单一化

启示：在城市建设、房地产市场细分尚未成熟的阶段，××板块由基本成熟市场迅速向成熟市场过渡的特征，将引导客户更关注居住环境的改善与依附于城市生活与发展的理性需求，而对未来板块价值并没有根本认识。对项目来讲，如何引导置业群体认清形势，帮助所辐射阶层在这座城市真正找到自己的定位，将是非常关键的营销命题，也是下一步应对风险的重要手段。

2. 商业市场分析的要诀

对于商业市场，其分析的重点在于商圈的分布及供应情况。通过对传统商圈和新兴商圈的供应特点进行综合研究分析，判断项目的商业物业开发价值。下面是合肥市某综合体项目的商业市场分析。

（1）合肥市各大商圈分布

① 传统商圈。传统商圈以四牌楼为代表，包括三里庵、南七、马鞍山、元一商圈，以传统百货和购物中心为主，作为合肥消费的传统区域。

② 新兴商圈。新兴商圈包含高新区、黄潜望、政务新区以及滨湖新区商圈，未来商业体向城西南方向发展，众多项目未来将在新兴商圈集中供应。合肥市各大商圈的供应情况见表1-8。

表1-8　合肥市各大商圈的供应情况

商圈		商圈定位	发展现状	目标客群	业态组合	代表客户
传统商圈	四牌楼商圈	市级商圈	合肥最早的商业中心,业态全,发展成熟	全市	购物中心、百货、商业街	百盛、淮海路步行街
	三里庵商圈	次市级商圈	以大型国购广场为中心,沿街商铺居多	全市	购物中心、专业市场	家乐福
	马鞍山商圈	区级商圈	以新都汇广场为中心,沿街商铺餐饮居多	包河、滨湖区客群	购物中心、超市、批发市场	万达广场、新都汇广场
	元一商圈	区级商圈	以服装批发市场、大型购物中心为主	新站片区	购物中心、超市、批发市场	元一时代广场
	南七商圈	区级商圈	以购物中心、专业市场为主	蜀山区及包河片	百货、专业市场	华联市场
新兴商圈	黄潜望商圈	区级商圈	以购物中心、大型商业中心为主	蜀山区、高新区	大型超市、商业街	乐购超市、大唐国际购物广场
	政务新区商圈	区级商圈	现今供应较少,未来以购物中心为主	政务新区	商业街	易初莲花
	滨湖新区商圈	区级商圈	现今单个项目滨湖世纪城,未来万达进驻	城南消费客群	购物中心、商业街	滨湖世纪城
	高新区商圈	区级商圈	专业市场、综合类型商业为主	高新区及科技	百货、商业街	鼓楼商厦（高新店）

（2）四牌楼商圈

① 辐射人群。四牌楼商圈辐射全市，范围较广。作为传统商圈，商业项目最为集中，但商业项目间距离较远，影响消费人流通达性即便利性。

② 四牌楼商圈现有供应及未来供应（表1-9）。

③ 四牌楼商圈概述。四牌楼商圈作为合肥市代表商圈，是合肥最成熟、业态最完善的市级商圈，档次从中到高，也是涵盖购物、餐饮、娱乐的综合性商圈。

四牌楼现有百货类商业体量在10356～35000m²，购物中心项目在80000m²左右。

四牌楼商圈正向高端商业方向发展，从金鹰国际到新开业的银泰购物中心，拥有大量高端品牌进驻，表明合肥高端消费市场潜力巨大。

表 1-9　四牌楼商圈现有供应及未来供应情况

项目		行政区	档次	开业年份	商业总面积/m²	商业层数
现有供应	百盛购物中心	庐阳区	中	2001	35000	B1～F4
	合肥鼓楼商厦	庐阳区	中	1996	23000	B1～F8
	金鹰国际(大东门店)	庐阳区	高	1998	10356	F1～F4
	金鹰富士广场店	庐阳区	中至中高	2010	80000	B1～F5
	金鹰国际(百花店)	庐阳区	中	2010	12294	F1～F6
	合肥百货大楼	庐阳区	低	1959	32000	F1～F5
	百大乐普生	庐阳区	低	2008	18000	F1～F5
	商之都(宿州路店)	庐阳区	中至中高	1998	20500	B1～F5
	商之都(大东门店)	庐阳区	低	2007	25000	F1～F3
	银泰购物中心	庐阳区	高档	2012	77038	B1～F9
	淮河路步行街	庐阳区	低	1998	—	F1、F2
未来供应	坝上街项目	瑶海区	—	2014	300000	—
	东方广场	包河区	—	2012	70000	—

（3）其他商圈（略）

3. 写字楼市场分析的要诀

在进行写字楼市场分析时，可以先对写字楼产品类型的分类特征进行介绍，再对市场上存在的主要产品类型及稀缺的产品类型进行分析，并根据市场特点提出如何开发差异化的产品类型。下面是某二线城市综合体项目的写字楼市场分析。

（1）××市写字楼产品研究对象

写字楼产品的类型主要包括国际标准甲级写字楼、甲级写字楼、乙级写字楼，各类型写字楼的特征见表1-10。

表 1-10　各类型写字楼产品特征

项目	国际标准甲级写字楼	甲级写字楼	乙级写字楼
建筑高度	建筑总高 250m 以上,办公层数 35 层以上,大堂挑高 9m 以上	建筑总高 150m 以上,办公层数 25 层以上,大堂挑高 5.5m 以上	建筑总高 100m 左右,办公层数 15 层以上
楼层特征	平均净高 2.7m 以上,主要户型面积 140～150m² 以上分割	平均净高 2.4～2.7m,主要户型面积 100～150m² 以上分割	平均净高 2.2m 以上,主要户型面积 100m² 以上分割
办公容量	平均标准层面积约为 1200m² 以上,办公规模 5 万平方米以上	平均标准层面积约为 1200m²,办公规模 3 万平方米以上	平均标准层面积约为 1000m²,办公面积 1.5 万平方米以上
物业管理	专业国际性物业管理公司或有物业管理经验的国际性房地产开发商	开发公司自行管理,基本无专业管理公司进行物业管理	开发公司自行管理,基本无专业管理公司进行物业管理
周边交通	规划有地铁,交通便利,附近有较多公交站点	无地铁,交通便利,附近有公交站点	无地铁,交通便利,附近有公交站点

项目	国际标准甲级写字楼	甲级写字楼	乙级写字楼
写字楼权属	大业主持有为主,整层或半层销售	销售为主,基本以小产权打散出售后由物业统一出租	基本以小产权打散出售后由物业统一出租
租金水平	60元/(m²·月)以上	45～60元/(m²·月)以上	15～45元/(m²·月)以上
售价水平	10000元/m²以上	7000元/m²以上	5000元/m²以上

（2）××市写字楼市场发展进程

××市当地办公楼市场发展到第二层次成形,并往第三层次发展的过程,写字楼发展处于市场提升阶段的关键转变期。

目前,在××市市区主要有销售型甲级办公物业和早期供应目前沦为乙级标准的写字楼,并且随着大量为高品质综合体项目推出具有完整商务功能的办公楼,将引导××市的办公楼市场形成具有真正甲级写字楼的集中性CBD。

成熟市场办公功能产品的发展历程,对于本项目办公开发具有极大的指导意义。

项目位于××新区,周边办公氛围极不成熟,第二产业规模迅速扩大,第三产业支撑不够,写字楼的开发不可冒进,可以适当考虑基于现有市场在产品品质上与市场其他项目形成错位竞争。

（3）××市主要代表写字楼项目指标（表1-11）

表1-11　某市主要写字楼项目相关指标

项目名称	类型	供应时间	写字楼面积/m²	标准层面积/m²	主力户型/m²	得房率	电梯服务面积/(m²/部)
××国际金融中心	国际甲级	2013	153000	2000	120、200、450、2000	68.2%	8500
××中心	国际甲级	2013	170000	1400	132、140、198、202	66.7%	7700
××投资大厦	甲级写字楼	2008	38000	1700	19、55、78、120、340、360	70.3%	5428
××广场	甲级写字楼	2010	155000	1000～1400	13、60、95、260、335、1034	69%～73%	8157
××中心	甲级写字楼	2010	46000	1560	600、1500	82%(整层分割)	4600
××公寓式办公	公寓式办公	2013	32000	700	40～60	73.5%	6400
××公寓式办公	公寓式办公	2012	21000	1200	39、49、56、60、70、82、97	71%	7000

未来甲级写字楼市场竞争激烈,中心城区新增供应巨大,客户对写字楼硬件要求也越来越高。而区域周边的商务氛围和需求较弱,工业用地具有自建办公,孵化器园区提供大量办公面积进行竞争。因此,建议本项目在写字楼品质上与其他现有项目进行差异化竞争,在产品类型档次上进行错位,开发两种产品,并略微地领先于市场。

本市现有主要写字楼项目净层高在2.4～2.6m之间,尚未完全满足国内对优质写字楼的层高要求。主要写字楼项目存在电梯配置数量不够、等候时间过长等各方面配置问题。车位方面，××市相关标准已相对较高，如符合国家标准，需达到125个，因项目为综合体，各业态之间车位可相互共用，建议相对降低对应指标。

项目的公寓式办公产品部分物业建议开发挑高型产品（目前国内主要城市规划上已开始限制，××市暂无规定），可作为××市场上的稀缺特色产品，提升物业的使用价值和售价水平。

（4）办公差异化定位亮点提炼

项目处于高新区非写字楼商圈，如何采用差异化的产品及市场定位将成为项目产生良好的收益回报及完成既定开发目标的关键。

兼顾市场兼容性的同时，还要保证项目销售类产品拥有不同于市场同类产品的独创优势，为未来项目被市场接受创造销售亮点。

4. 酒店市场分析的要诀

二线城市综合体项目酒店市场分析的要诀主要有以下两个。

（1）要诀一

酒店的类型有经济型酒店、商务型酒店、度假型酒店等多种，在进行分析时，应对不同类型酒店的区域分布和各类型酒店的未来发展空间进行分析。下面是某二线城市综合体项目的酒店市场分析。

① 酒店发展现状。老城区高端酒店以吴宫喜来登和玄妙索菲特为代表，经济型酒店数量较多。老城区酒店以古建筑为主。

新区高端酒店以香格里拉为代表，经济型酒店较少。新区为政府规划核心CBD区域，以商务型酒店为主。

园区高端酒店以尼盛万丽、中茵皇冠为代表，经济型酒店较少。因为紧靠××湖，因此高星级酒店以度假型为主。

② 酒店市场分析

a. 五星级酒店。五星级酒店目前进驻品牌有喜来登、皇冠、香格里拉、索菲特、尼盛。

b. 商务酒店。连锁酒店目前进驻品牌有如家快捷、速8、汉庭、锦江之星、莫泰168、书香门第等。

③ 酒店结论

a. ××市作为国家重点旅游城市，五星级酒店只有7家，大多以度假型为主，分布在市区的五星级酒店较少，商务型高星级酒店有较大的发展空间。

b. 市场竞争激烈，2013年全年，五星级酒店入住率65.81%，四星级59.23%，对新进驻酒店的服务和特色提出了更高的要求。

c. ××市酒店扩张较快，客房数量大幅度增加，因此整体客房入住率下降，2014年上半年，××市酒店平均入住率为52.9%，同比去年下降了8个百分点。

（2）要诀二

酒店市场与旅游市场有密切的联系，旅游人数的增加能相应增加区域酒店的需求量，因此，在进行酒店市场分析时，可以对旅游市场的概况及其对酒店市场的影响进行分析。下面是合肥市某综合体项目的酒店市场分析。

① 旅游市场。作为国家首批三个园林城市之一，合肥市有"绿色之城"的美称。市内的包公园、逍遥津公园、环城公园等胜景，城郊的紫蓬山、大蜀山两座森林公园以及徽园等主题公园，吸引了不少中外游客前来参观游览。

② 旅游资源。2011年，李鸿章故居——享堂、庐阳区三十岗乡生态农业旅游区两家景区又被新增为4A级旅游景点。至此，合肥市的4A级旅游景区达到12家，A级以上旅游景区达到31家。

③ 市场表现。"十一五"时期，全市旅游总收入实现翻两番，连续突破100亿元、200亿元大关，年均增长38.2％；国内游客量连续跨越1000万、2000万人次台阶，年均增长35.1％；海外游客从8.3万人次增加到24.3万人次，年均增长30.4％。旅游总收入、国内游客量两项指标的总量均居全省第一位，增幅连续3年居中部省会城市第一位。

④ 主要客源。合肥星级酒店接待的客户主要是以参加会议、商务洽谈、培训为目的入住的客户为主，其他则大多为散客和旅行客。

合肥旅游客群主要以国内游客为主，占到访客比例的95％以上，海外游客则以亚洲国家为主，日韩国家游客占到很大比例。

⑤ 酒店资源。目前合肥市挂牌的五星级酒店以及没有挂牌但按照五星级标准打造的酒店有12家，四星级酒店15家，三星级酒店21家。合肥市场不乏国际品牌的五星级酒店，例如合肥元一希尔顿、合肥万达威斯汀等。

⑥ 接待旅客情况及旅游总收入统计

a. 国内外访客：合肥市作为安徽省的政治、经济及文化中心，每年吸引了大量国内外访客。过去几年中，合肥国内外访客人次迅速增长。除2008年受全球金融危机的影响而导致访客人次增长率下降外，合肥国内外访客人次均达到较高速的年增长，2009年更是出现较大反弹，2010年增长率为55.60％。

b. 旅游总收入：合肥市旅游总收入逐年递增，除2005年和2008年由于受经济大环境的影响，增长率下降以外，均保持了高速的上升，2010年更是达到247亿元，增长率高达42.9％。

随着合肥市政府对城市交通基础设施的不断改善，如新桥国际机场的全新建设以及地铁线路的规划建设等，预计合肥在今后的几年能吸引更多的国内外游客。

⑦ 海外客源市场。合肥市接待海外游客以外国游客为主要市场。亚洲游客是合肥市最稳定的客源市场，2009年，日、韩游客占外国人比重为32.4％，其次是欧洲游客占22.0％再次为美洲游客、大洋洲游客和非洲游客。

2010年，合肥旅游外汇收入1.5亿美元，同比增长39.4％。外籍游客一般对酒店或购物环境要求较高，这也就成为合肥市高端五星级酒店及高端购物中心的主要潜在消费客群。外籍游客来合肥的数量增加，也将相应增加其对五星级酒店及高端商业的需求量。

5. 公寓市场分析的要诀

在进行公寓市场分析时，可以通过对比住宅公寓、商务公寓、酒店式公寓等不同公寓产品类型的销售状况，了解各产品类型的市场接受程度和开发前景。下面是某二线城市综合体项目的公寓市场分析。

该市公寓市场在售产品以商务公寓为主，商务公寓销售形势不如住宅公寓，并且50％的项目处于续销阶段，后期存量大；目前低总价、小面积且具备高投资价值的项目销售形势较好。该市在售公寓项目指标见表1-12。

表1-12 某市在售公寓项目指标

楼盘名称	主力面积/m²	均价/（元/m²）	主力总价/万元	销售周期（备案数据）	2009年上半年销售套数/套	销售率/％	公寓类型	装修标准/（元/m²）
××公寓	44～62	16160	71～100	1个月	131	87	住宅公寓	3000
××国贸	60～140	9200	52～123	2个月	94	21	商务公寓	2500
××山舍	38～115	4800～5600	19～60	1个半月	94	100	商务公寓	1000

楼盘名称	主力面积/m²	均价/(元/m²)	主力总价/万元	销售周期(备案数据)	2009年上半年销售套数/套	销售率/%	公寓类型	装修标准/(元/m²)
××商座	30～70	12000	36～84	1个半月	142	25	商务公寓	3000
××堡	40～60	8500～9000	36～54	1个月	345	86	商务公寓	1500
××国际广场	38～137	12000	45～164	2个月	238	48	商务公寓	2500
××单身公寓	32～77	8000	30～40	9个月	196	87	住宅公寓	800
××广场	24	9200	22	3个月	148	80	商务公寓	1500
××二期单身公寓	43	11500～12000	49～52	1个月	77	76	住宅公寓	3000
××SOHO	46、51	8000	37、41	9个月	75	76	商务公寓	800
万达××	45～86	14000	63～120	13个月	150	92	酒店式公寓	1500
半岛××	45～60	7000	31～42	4个月	87	96	酒店式公寓	2000
××彼岸	40、42	9000	36、38	12个月	73	67	商务公寓	1200
××中心	45	26000～28000	121～126	12个月	19	32	酒店式公寓	5000
××联邦	30～80	8000～10000	40～96	5个月	66	25	商务公寓	2500

第五节
二线城市综合体项目如何进行自身情况分析

二线城市综合体项目自身情况分析是指为了解项目自身的开发条件和挖掘自身的价值点而进行的项目地块分析以及项目开发相关企业分析。

一、二线城市综合体项目地块分析的基本内容

二线城市综合体项目地块分析的内容主要包括地块基本概况分析、地块所属区位分析、地块周边交通分析、地块周边配套设施分析、地块周边环境分析以及地块分析总结等。

1. 地块基本概况分析

二线城市综合体项目地块基本概况分析是指对项目地块的现状以及地块用地性质、占地面积、容积率、绿地率等各项经济技术指标进行分析。下面是某二线城市综合体项目的地块基本概况分析。

（1）项目现状分析

项目内部拆迁基本完成，平整土地即可，南北两条路的延伸段都未开工，东面有河流，但是水质不是很好，项目小环境不甚理想，还需要改造。

（2）项目指标分析

项目总建筑面积 55440m²，限高 80m，地块方正，规模适中；土地性质为商业金融，

规划方向有商业、写字楼、公寓等可能。

  本地块总占地面积：25200m²。

  用地性质：商业金融用地。

  容积率：2.2。

  建筑密度：40%。

  绿地率：30%。

  建筑限高：80m。

  本地块总建筑面积：约为55440m²。

2. 地块所属区位分析

  二线城市综合体项目地块所属区位分析是指对地块所属区位的概况、发展战略与未来规划等进行分析说明。下面是某二线城市综合体项目的地块所属区位分析。

  （1）××区区域概况

  ××区，东连××市主城区，北濒××市的水资源保护地××水库，区内拥有国家级森林公园、野生动物园、××湾公园等多个公园，绿化率达42%。周边集中有××地区一大批主要的中央和部属院校及科研院所，园区环境优美、交通便利、配套设施完善，是××市西部组团核心。

  ××区，规划科学，定位准确，科技创新资源丰富，创业文化氛围浓厚，内外交通便捷，基础设施日益完善，政务环境不断优化，生态环境优美和谐，各项社会事业稳步发展，是投资兴业的热土，是高品质的生活乐土。

  （2）××区战略定位

  ① 战略性新兴产业的优选区；

  ② 低碳经济的聚集区；

  ③ 现代城市功能组团。

  （3）××区片区规划

  按照"聚焦示范区、推进合作区、提升建成区"的思路，加快发展建成区、科技创新型试点市示范区、南岗科技园、柏堰科技园、蜀山风景区五大片区。

  （4）××区产业现状

  ××区作为××省最大的高新技术产业化基地，一大批拥有自主知识产权的行业知名企业脱颖而出，大批高科院校及科研机构都在高新区设立有研发及产业基地。

  全区累计引进内外资项目800多个，美国、日本、韩国、德国、英国、法国及我国香港、台湾等20多个国家和地区的客商兴办了100多家高新技术企业，其中包括十几家世界500强企业和跨国公司。

  （5）××区发展前景

  ××区经济总量大幅增长，现代高新产业体系基本建立，生态环境更加良好，人民生活水平显著提高，基本建成全面小康社会，实现工业化和城市化双轮驱动，在××市构建区域性特大城市建设中发挥更大作用。

3. 地块周边交通分析

  二线城市综合体项目是否具备四通八达的交通网络，在很大程度上影响着项目的商业氛围，便捷的交通有利于吸引更大的客流量。在分析地块周边的交通时，需要对地块所连接的道路，周边的公交地铁线路，到达客运站、火车站、机场等的时间距离等进行分析。下面是某二线城市综合体项目的地块周边交通分析。

  项目周边分布8条城市主干道，能到达城市每个角落；地块周边分布19条公交线路，形成四通八达的交通网络。

距机场仅 15min 的路程,到火车站 10min,到客运南站仅 3min。

距南二环城市主干道不足 2km,以二环路机场高速或武川路为出口即可连接××自治区 9 市、3 盟、52 旗,以及××自治区外的重要城市。

4. 地块周边配套设施分析

二线城市综合体项目地块周边配套设施分析的内容主要包括对文化教育、医疗、商业、金融服务等配套设施的现状或未来规划情况进行分析说明。下面是某二线城市综合体项目的地块周边配套设施分析。

(1) 教育类

① ××电子科技大学。学校现有 50 个本科专业,24 个专科专业,34 个硕士学位授予学科,11 个工程硕士专业学位授权学科领域,1 个"与合作高校联合培养、招生计划单列"博士点,是工商管理硕士(MBA)培养单位。

② ××医学院。校园占地总面积 847993.26m²,设有基础医学院、临床医学院、南溪山临床医学院、第二临床医学院、第三临床医学院、药学院等 16 个二级学院(系、部),有附属医院 5 所,临床教学医院 22 所,教学实践基地 80 余家。

③ 另外,项目周边还拥有××幼儿园、××小学、××中学等一批中小学,教育资源丰富。

(2) 医疗类

项目周边医疗配套见表 1-13。

表 1-13　项目周边医疗配套

医院名称	床位数	日门诊量	等级	地址	电话
××市第二人民医院	512	685	三乙	—	—
××市红十字会博爱医院××市第四人民医院	500	603	三乙	—	—

(3) 商业类

① 沃尔玛超市。沃尔玛作为××区最大的超市,人流量相当密集。

② ××广场

a. 大型品牌超市(项目自带,1.2 万平方米);

b. 电器数码主力店(项目自带,0.2 万平方米);

c. 精品百货店(项目自带,2.75 万平方米);

d. 商业步行街(项目配套,2.57 万平方米)。

××广场建成后,将会成为××区最大的一站式购物中心,全面汇聚××市的高端人流,自成一个××商圈,必将改变市民的消费习惯。

③ 菜市场。××市场,再往北有××市场(往北有几个大小市场);往××路附近有××菜市、××菜市、××菜市。

(4) 金融服务类

① 中国农业银行××铁路支行;

② 中国银行××支行;

③ 中国建设银行××支行。

(5) 休闲娱乐类

① 咖啡厅,如××广场商业街咖啡厅。

② 旅行社,如×旅、×青旅等。

③ 电影院，如××广场大型多厅影院。

④ 娱乐城，如××广场大型量贩式 KTV。

⑤ 运动场馆，如××游泳馆、××体育馆、各大学体育馆。

5. 地块周边环境分析

二线城市综合体项目地块周边环境分析包括对地块周边的自然生态环境以及人文历史环境分别进行分析。下面是桂林市某综合体项目的地块周边环境分析。

（1）自然生态环境

项目位于桂林市××区。该区经济发展条件优越，有显著的仓储、商贸、物流优势，辖区内连片成行的仓库可开发为专业批发市场、商住小区；有丰富的土地资源优势，紧邻火车始发站的××片区有可供近期开发的土地 5000 多亩（1 亩＝666.7m²，下同）。××区有较好的农业、工业、三产发展基础。

（2）人文历史古迹

桂林市是一座具有两千多年历史的文化名城。自三国吴甘露元年（公元 265 年）设始安郡起，桂林市便一直是历代广西和南方地区政治、军事、文化重镇，宋代已有"西南会府"之称。而今，古城区的格局主要与历史上四朝的古城形态相关：一是汉代以现榕荫路为南北轴线修建的始安郡府；二是唐代将独秀峰、子成和象鼻山为南北轴线，修筑"夹城"和"外城"而形成的前朝后市，它奠定了桂林中心区的格局；三是宋成淳年间突破原有城市格局，依山傍水，因地制宜，形成了南北长、东西窄，山、水、城有机结合的城市形态，并将漓江和西护城河形容如两条巨龙，在鹦鹉山和铁封山之间建圆形瓮城，创造出"双龙戏珠"势态；四是明朝洪武年间，在独秀峰下修建靖江王府，并将城池向南扩大至象鼻山，以桃花江作为南护城河，将原护城河（榕杉湖）辟为风景湖面，同时形成十字街商业中心。四朝古城和近代文物多有遗存，这些都是历史文化名城不可缺少的旅游和文化资源，规划中充分体现古城历史文化的延续性，是提高游览文化品位的重要方面。

6. 地块分析总结

二线城市综合体项目地块分析总结是指在对地块所属区位、周边交通、配套、环境等进行分析之后，对该地块开发为城市综合体项目的优劣势进行总结说明。下面是某二线城市综合体项目的地块分析总结。

本项目地块总结：

① ××镇属于城乡结合部，位于"中商"和"北文"的交汇处，区位优势明显；

② 总体规划中商业地块的占比较低，为项目发展奠定坚实基础；

③ 地块区域人口基数高，物流往来密集，但人口消费能力有限；

④ 地块虽临近城市西部两大房地产板块，但实际脱离于城市主流板块；

⑤ 地块地理位置优势明显，通达性极佳，周围产业有效支撑；

⑥ 地块内业态众多，但环境差异较大，多处大型建筑将对拆迁产生影响；

⑦ 近三年项目周边无商住或商服地块出让，距离较近的××物流地块，由于是物流配套商服用地，土地单价 67 万元/亩，楼面价 502 元/m²；

⑧ 周边在售商品房较少，住宅售价约 3200 元/m²，商铺约 7000 元/m²。

二、二线城市综合体项目地块分析的常用方式

二线城市综合体项目地块分析的常用方式主要有以下两种。

1. 方式一

策划人员在对每个地块的区位、交通、配套等要点进行分析后，分别对其地块发展的价

值点进行提炼总结。下面是某二线城市综合体项目的地块分析。

（1）地块位置

项目位于镇江京沪高铁站周边，隶属于规划中的城市副中心××新城，短期内认知度较低。项目距新行政中心车程约3.5km，距火车站万达商圈车程约6.5km，距传统商圈大市口车程约8.5km。

价值点：位于××新城，城市南向发展重点打造的现代化镇江标志区内，距市中心距离也相对适中，新城的打造，将改变目前位置偏远的形象，有利于项目形象的拔高。

（2）区域价值

××新城是城市副中心，是承担行政、商务于一身的生态、现代化新城。按照"东城西居"的理念，××新城被分成7大功能区：

① 行政办公区；

② 商务文化体育区；

③ 山水城核心区；

④ 站前混合功能区；

⑤ 居住北区；

⑥ 居住中区；

⑦ 居住南区。

本案位于规划中的站前混合功能区内。

（3）交通价值

大交通体系完善，坐拥城市主干道与交通综合体，但公交出行系统尚不发达。

高铁对于项目价值的影响有以下方面：

① 项目距离××高铁××站站前综合服务区约50m，为站前综合服务区的核心影响范围，共享商务及交通配套的同时，利于项目形象及品牌展示；

② 出行便利，对于商务人士极具吸引力；

③ 京沪高铁开通后，对其地块价值具有显著提升的作用，有利于吸引投资客户；

④ 利于项目的形象展示，作为高铁人群进入××市区必经之地，其对于绿地的品牌展示作用不言而喻。

价值点：区域交通条件优良，后期随着新城建设将更加完善，有利于客源的全方位导入。

（4）配套价值

畅享××新城城市副中心综合配套，但规划商业配套不足，短期内尤为明显。

价值点：××新城整体商业规划不足，偏向于综合行政服务类，为项目城市综合体发展预留了一定的空间。

（5）景观价值

项目近拥国家4A级森林公园，是天然的城市绿肺和氧吧。

价值点：自然环境优越，新城的建设，综合环境的不断改善，未来区域将更加适合居住。

（6）项目指标

项目总占地1492亩，建成后将是规模近百万平方米的高铁城市综合体，成为××市新的商业地标。项目分几个地块。

A1：住宅用地（国际花都）。

A2：住宅用地（青年公寓）。

A3：住宅用地（新里系列）。

A4：住宅用地（新里系列）。

A5：住宅用地（待定）。

B1：超高层。

B2：集中商业。

B3：专业市场。

B4：商办用地。

C5：低密度产品。

（7）A2 地块分析

在假定公寓先行的情况下，下面将针对 A2 地块及市场进行分析。

① A2 地块四至

a. 西面为城市主干道檀山路；

b. 南面为空地以及京沪高铁轨道；

c. 北面为五洲山路；

d. 东面为京沪高铁工地，以后将是超高层建设用地。

② 地块现状。地块为毛地，方正但起伏大，呈现西北高、东南低态势，整体落差约3～5m。

a. 地势不平，增加工程难度；

b. 高低落差有利于项目景观的打造，制造一种立体、富有层次的景观系统；

c. 南部高铁对于项目存在一定的噪声污染，后期需要进行一定的技术处理，如利用景观区隔等。

③ 地块指标。一期中小规模的，以高层、小高层为主的高品质、低总价精装修小户型社区。项目 A2 地块的主要经济技术指标见表 1-14。

表 1-14　项目 A2 地块的主要经济技术指标

排列方式	排列方式一	排列方式二
用地面积	60751.6m²	60751.6m²
建筑面积	121503.2m²	121503.2m²
容积率	2.0	2.0
住宅面积	112743.2m²	108800m²
商铺面积	5760m²	9703.2m²
会所面积	3000m²	3000m²
建筑形式	高层、小高层	高层、小高层

价值点：项目一期规模较小，但整体规模超百万平方米，建成后将是超大规模的高铁新城城市综合体。

④ 地块属性界定。项目 A2 地块的区域属性与项目属性见表 1-15。

表 1-15　项目 A2 地块的区域属性与项目属性

属性界定	属　性	诠　释
区域属性	××新城，城市副中心	项目位于城市南向发展轴上，未来区域价值将得到有效的挖掘和提升
	通达性强，公交系统薄弱	坐拥城市主干道、高铁、客运汽车站和312国道等，通达性强，但短期内公共交通较为薄弱
	市政配套规划蓝图美好	紧邻××新城规划核心，但配套偏向行政办公类，短期内与生活相关的配套明显缺乏
	自然景观优越，生态资源丰富	紧邻国家4A级森林公园，周边白龙潭、白龙山公园环抱，自然生态

属性界定	属　　　性	诠　　　释
项目属性	一期规模中等,总体规模超百万平方米	项目总体规模达百万平方米,建成后将成为名副其实的高铁新城城市综合体
	主打低总价、中小户型	项目户型严格控制在 90m² 以内,低总价精装修项目
	地块起伏是一把双刃剑	地块方正但有明显起伏,开工建设难度大,但为立体景观打造预留了一定的空间

2. 方式二

策划人员在对各地块要点都进行分析之后,最后对地块的发展方向进行比较总结。下面是某二线城市综合体项目的地块分析。

(1) 项目区位

本项目位于××市××区之××物流园区片区内,位于××路与××路交汇处东北角,是未来××区综合交通枢纽区商业圈核心覆盖区,项目距离××区新火车站(会集高铁、地铁线路、城市轻轨、长途客车、公交线路,形成"五站合一"格局)仅 1.5km,是未来新火车站商圈核心地段之一,10min 车程即可到达××区 CBD 核心商圈,20min 车程可达××广场商圈。

(2) 周边环境

项目西侧为××公园、××港湾、××花园、××雅园等众多高档居住社区,当前销售价格基本都在 8000～10000 元/m²,所集聚人群较为高端。项目北侧集合了××之窗、××国际、××国际广场等以高端商务写字楼、商住办公、酒店类商业类型产品,初步展现了未来新火车站商圈的商业、商务功能的巨大潜力。项目东侧为未来新火车站规划铁路及××国道。

(3) 周边配套

① 文化教育:市 47 中附属小学、市实验小学、市 47 中体育场等。

② 医疗配套:××中医院(建成)、北京同仁医院分院(在建)、长庚医院等。

③ 行政配套:工商局、省司法厅、省检察院、法院等。

④ 商业配套:CBD 核心商业区,CBD 内外环商业步行街、中央特区商业街等。

⑤ 人文配套:世界客属文化中心国际会展中心、市民广场、××滨河公园等。

⑥ 休闲购物:麦德龙商业广场、宝龙城市广场、新火车站商圈、中央特区商业街区等。

⑦ 交通道路:××路、体育场路、东风东路围绕周围,××汽车客运站与新铁路客运站。

注:综合交通枢纽区位于××区××国道西侧,××东路南侧约 1km 处,以新火车站为核心,会集地铁线路、城市轻轨、长途客车、公交线路,形成"五站合一"格局。交通比较便利,地理位置相对比较优越,预计到 2020 年,新火车站日发送旅客量为 10.46 万人,新长途公路客运站日发送旅客量为 6.75 万人。

(4) 用地说明

项目规模:项目总占地 15000m²,约合 22.5 亩,地块呈菱形状,目前地块表面基本平整,不涉及拆迁。北侧与西侧临路,其中西侧紧临心怡路,未来将直通新火车站商业广场,北侧路对面为市政绿化广场。

规划指标:容积率为 7.0,建筑密度<35%,建筑高度<120m。

（5）A1 地块方向

项目 A1 地块各物业类型发展前景比较见表 1-16。

表 1-16　项目 A1 地块各物业类型发展前景比较

比较项目	×	×	√	√
地产因子	住宅	纯商业	商务酒店	商务型写字楼
地段价值	★★	★	★★	★★★
规模适宜度	★	★	★★	★★★
配套价值	★★★	★	★★★	★★★
地块适宜性	★	★	★★	★★
对地块区域价值提升	★	★	★	★★★
市场竞争优势	★★	★	★★	★★★
市场认同度	★★	★	★★	★★
市场实现率	★★	★	★★★	★★★
政策面良性影响	★	★	★★	★★★
得分	15	9	19	25

注：1. 表中"√"表示可以考虑开发的物业类型，"×"表示不考虑开发这种物业类型。

2. ★代表 1 分，★★代表 2 分，★★★代表 3 分，得分越高表示该物业类型发展前景越大。

（6）A1 地块适宜性

项目 A1 地块酒店物业与写字楼物业适宜性比较见表 1-17。

表 1-17　项目 A1 地块酒店物业与写字楼物业适宜性比较

类型	地块适宜性	区位适宜性	产品市场实现	区域产品认可	投资回报	价值认可度	宏观政策	未来市场竞争	产品互补	对项目品牌提升	经济测算	合计
酒店	★	★★	★★	★★	★	★	★★	★	★	★	★	15★
写字楼	★★	★★★	★★	★★	★★	★★	★★★	★	★	★★★	★★	23★

注：★代表 1 分，★★代表 2 分，★★★代表 3 分，得分越高表示越适宜发展该物业。

（7）项目地块小结

物业形态初步定向：写字楼物业。

三、二线城市综合体项目地块分析的要诀

二线城市综合体项目地块分析的要诀主要有以下三个。

1. 要诀一

对于分期开发的地块，应分别对各分期的经济技术指标进行分析。下面是某二线城市综合体项目的地块经济技术指标分析。

项目位于××市××区，由××西路、××山路、学×路、××大道围合而成，总用地面积约 500 亩，分两期开发。项目各分期的经济技术指标见表 1-18。

表 1-18　项目各分期经济技术指标

内容	Ⅰ 期	Ⅱ 期
用地位置	由××西路、××大道、××潭路、双×路围合而成	由××西路、××山路、学×路、双×路围合而成
地块面积	208 亩	292 亩

内容	Ⅰ期	Ⅱ期
容积率	>1.8	>1.5
绿地率	>35%	
规划业态	4S店,酒店,相应汽车配套,商贸,集资房等	

2. 要诀二

如果地块所属区位的未来规划给项目带来有利影响,在进行地块所属区位分析时,除了分析区位基本概况之外,还可以对地块区位的未来规划进行分析。下面是某二线城市综合体开发项目的地块所属区位分析。

(1) 项目区位概况

项目位于×××,距城市核心区 3km,区位优势明显,但周边道路未通,限制了项目融入城市格局;一旦新×路、××园路贯通,项目将完全融入××核心板块。

(2) 项目区位规划

项目位于××未来"三心"中的城南核心位置,南面紧邻区级公建中心,使得项目具备足够的价值想象空间。

××区总体规划结构形成"一核二轴三心"的布局;项目所在的××,区级中心定位是:主要指环城西路以西、新×路以南、通×路以东、环城南路两侧区域,依托未来区行政中心,形成以商贸、物流、时尚展示为主的区级公建中心。

3. 要诀三

在进行地块周边交通分析时,可以对交通规划对本项目的酒店、办公、商业等不同物业类型的积极推动作用分别进行说明。下面是某二线城市综合体项目的地块周边交通分析。

(1) 外部交通情况分析

① 项目临近绕城高速的西出入口以及机场高速公路入口,是××市以及周边城镇前往××机场的必经之地。

② 项目临近××换乘中心,是连通西部城镇如××、××的公共交通枢纽。

③ 项目南邻××西路,为××市的东西主干道,是连接主城区导入人流车流的主动脉。

(2) 地铁规划分析

轨道交通 2 号线全长 29.4km,2 号线不仅在地下行驶,还有一段地上路程,其中,地下线 25.14km,高架段 3.68km,过渡段 0.58km。

轨道交通 2 号线西起××西路与××大道交叉口西侧,沿××西路、××中路、××东路行驶,横贯××市,终点至××东路与××路交叉口西侧处。其中,××大道站距离本项目最近,2 号线的开通将为本项目导入更多从市区方向前来的目的性消费客群。

本区域地铁建设规划地面以高架形式建设。建议项目就地铁的具体规划进行深入对接,预留相关通道和商业空间,并在地铁开通后充分对接。

(3) ××国际机场

① 机场简介

a. 机场位置:×××。

b. 机场类别:4E 级民用机场。

c. 距市区距离:31.8km。

d. 距本案距离:16km。

e. 开工时间:×××。

f. 试航时间：×××。

×× 国际机场的客群服务于 ×× 市以及 ××、×× 等 ×× 市经济圈城市客群，并辐射 ××、×× 等地区。

② 机场性质。新机场性质为国内干线机场，建成后的国际机场将成为继北京首都、上海虹桥、上海浦东、广州白云、深圳宝安、厦门高崎等机场之后，具备国内目前最高飞行区等级 4E 的机场，可供世界上除 A380 外已投入商务运营的所有飞机起降。

③ 对本项目积极推动作用

a. 机场建成后，附近区域的经济价值能够迅速得到提升，并带动周边的高新科技产业园区高速发展，新机场承担了振兴 ×× 市西城板块的重任，同时可以有效辐射大合肥经济圈，带动更多的区域客群。

b. 对于酒店：机场距离本项目 16km，随着机场高速公路的施工建成，车行 10min 即可达到本项目，有利于为项目内的高端酒店直接导入更多外来商务和旅游客群。

c. 对于办公：项目内含有甲级及特色办公产品，机场的建成可以有效吸引希望兼顾投资、办公、居住功能的商务人士和企业。

d. 对于商业：项目地处紧邻的 ×× 西路，是市区前往机场的最主要道路，据机场客流估算，将有大量的流动消费群体。

四、二线城市综合体项目开发相关企业分析的要诀

二线城市综合体项目开发的相关企业分析包括房地产开发公司以及建筑设计公司、园林景观设计公司、建筑工程公司、监理公司、销售代理公司、物业管理公司等合作公司的分析。下面将分别对其分析要点进行说明。

1. 房地产开发公司分析的要诀

在分析房地产开发公司时，为突显公司的实力与优势，应重点对公司所取得的荣誉以及在品牌、规模、团队管理等方面的优势进行介绍。下面是某二线城市综合体项目的房地产开发公司分析。

（1）×× 集团简介

×× 广场项目由 ×× 集团投资开发建设。×× 集团是在我国香港上市，以民生住宅产业为主，集商业、酒店、体育及文化产业于一体的特大型企业集团。×× 集团在广州、北京、上海、天津、重庆、深圳、沈阳、成都、长沙等城市设立分公司（地区公司），在全国各主要城市拥有大型项目 229 个，连续三年土地储备全国第一、在建面积全国第一、销售面积全国第一、销售额稳居全国三甲。

（2）×× 集团荣誉（略）

（3）×× 集团七大优势

① 运营优势。×× 集团实行标准化运营模式，集团总部通过紧密型集团化管理，对全国各地区公司实施标准化运营，包括管理模式、项目选择、规划设计、材料使用、招标、工程管理以及营销等七重标准化，最大限度降低全国拓展带来的经营风险，确保成本的有效控制和精品产品的打造。

② 规模优势。×× 集团是中国土地储备最大的房地产企业，项目所在城市基本为区域经济中心，住宅刚性需求潜力巨大，经济规模及发展速度全国领先。

×× 集团大部分项目规模在 50 万～200 万平方米之间，此类项目最适宜规模开发、滚动开发，可满足配套齐全、环境优美的规划设计条件。×× 集团的项目一般都坐落于所在城市升值潜力大、住房需求上升的优质区域，绝大多数项目为城市市区项目，环境优美、规划配套及城市交通发达、升值潜力较大；而旅游地产项目一般位于距离超大城市中心区 30～

40km、高速公路出口附近以及拥有独特优美的自然环境，这些项目还具备土地成本低、土地可持续拓展的特点。

③ 产品品牌优势。××集团实施精品战略，严格执行全过程精品标准，对内推行集团化紧密型管理体系，严控产品质量；对外大规模整合各类优势资源，从规划设计、主体施工、园林建设、装修装饰，到材料设备都与国内外400多家相关行业龙头企业建立合作联盟。××集团产品代表了中国房地产的精品标杆；××集团的产品品牌已成为中国房地产业的领先品牌。

凭借中国首屈一指的产品品牌，××集团在全国各主要城市深受置业者欢迎。置业者认同××集团品牌及其附加价值，因而在房地产市场成交非常低迷的情况下，××集团产品依然能够持续大规模热销，销售业绩领先全国。

④ 产品结构优势。××集团产品类型的组合非常科学合理。对于所有项目，××集团内部均由建筑设计院、营销团队、地区公司三大团队分别进行独立市场调研；并通过与中国最专业的地产调研机构合作，确保产品定位准确、产品结构科学合理，能最大程度被市场接受。

××集团产品定位于满足首次置业者和自住的普通老百姓的刚性需求，产品结构合理：中端至中高端产品占70%，旅游度假产品占15%，高端产品占15%。这一产品结构与老百姓需求的物业类型比例吻合，满足了不同地区、不同层次的市场需求。

⑤ 成本优势。××集团拥有系统的项目开发成本控制体系，从土地购买、产品设计、招标采购等多方面入手，着力降低成本，增强竞争优势。

××集团非常成功地控制了土地成本。凭借超前的土地储备战略决策，××集团抢先进入了土地成本低、升值潜力大的城市和区域。××集团建筑设计院通过标准化设计及优化设计，严格、有效地控制建设成本。××集团严格实施集中招投标，对于各类主体、装修、园林等大型工程，全国各地的项目均由集团统一招投标。××集团全国项目同步建设的规模优势，确保了投标的龙头企业能以最合理的价格提供最优质的服务，从而实现了集中招投标的规模效益。

××集团通过集中采购，在确保品质的前提下，大幅降低了材料及设备的价格，同时，依靠全国统一的采购配送体系，材料及设备直接送达施工现场，有效降低了采购环节中的流通成本、运输成本、仓储成本。

⑥ 开发优势。××集团拥有强大的快速开发优势，通过强有力、专业化的执行团队，实现项目快速开发。为实现投资周期最短的目标，集团所有项目在购地后6个月内推出预售计划，标准化营销程序确保在收购土地后6～8个月内开始项目预售。××集团依靠集团化紧密型管理模式，确保在拿地后快速完成规划设计、政府报建、施工组织、原材料供应等各项工作，以实现项目的快速开工建设；依靠标准化的规划设计，迅速完成项目的定位和方案拟订及实施；通过全国统一招投标整合资源，迅速组织新项目施工，确保工程进度及质量；通过实施标准化的工程管理、质量控制体系，保证工程质量；并通过实施标准化的开盘模式，实现快速销售的目标。

⑦ 团队管理优势。××集团拥有中国一流的领导管理团队和管理模式，采用国际先进管理方法，并结合多年实践经验，建立起了董事局、集团高管、地区公司高管三级管理体系，在企业运营上采用集团化紧密型管理模式，由集团总部对地区公司进行统一管理。××集团全面采用目标计划管理、绩效考核管理等一系列经营管理模式，为企业快速稳健发展注入了强大动力。

同时，××集团始终以高效进取的企业文化激发员工价值；同时配合先进的企业管理体系、有效的激励约束机制，形成向上超越的工作氛围和价值认同感，令团队始终保持强大的凝聚力、创造力。

经验丰富和稳定的管理团队、集团化紧密型管理模式以及先进的企业文化，大大提升了××集团的执行力和抗风险能力，使××集团成功实现快速稳健发展。

2. 合作公司分析的要诀

跟房地产开发公司具有合作关系的公司主要有房地产设计公司、建筑公司、监理公司、销售代理公司、物业管理公司等，在进行分析时，应分别对各合作公司的资质、业务范围、优势等进行分析。下面是某二线城市综合体项目的合作公司分析。

（1）建筑设计公司

广州××建筑设计有限公司是具有国家建设部工程设计甲级资质单位，由近百名经验丰富并熟悉建筑和城市规划以及水、电、空调、建筑经济、智能化设计的专业技术精英组成。其中，高级工程师 15 人、高级建筑师 7 人；一级注册建筑师 12 人，一级注册结构工程师 11 人，注册规划师 3 人。

公司下设五个建筑设计所，在深圳、武汉、东莞、南昌设有分公司。公司总部设有办公室、总工程师室等相应的职能机构，实行统一管理，有完整的技术管理体系和规章制度。

公司业务范围：工业与民用建筑、城市规划设计、环境景观设计、建筑装饰设计、工程设计咨询、工程设计软件开发应用等。

近年来，公司立足广东，积极拓展省外建筑设计市场，承接并完成了大量高品质的工程设计近百项。

（2）园林景观设计公司

上海××城市景观工程设计有限公司创立于 2000 年，公司管理总部设立在上海，是专业从事城市风景园林、城市公园、广场、居住区环境景观、湿地、造林设计与施工的城市园林绿化一级企业。公司在园林行业内成立较早，历经十余年市场经济的洗礼，不断探索完善自身的管理。作为城市园林建设的重要力量，公司力求以创新的管理机制、精细化的管理方式、良好的企业形象，积极参与城市园林环境建设，充分利用公司在技术、人才、经营等方面的优势，加大科技含量，顺应低碳节能方向，创建优质生态环境，在行业内荣获各种殊荣，公司被评为全国用户质量满意企业，全国行业质量诚信示范企业及中国园林绿化 AAA 级信用企业等荣誉称号，使公司以高质量、高起点的品牌形象走向全国。公司历经多年发展，在众多城市园林绿化项目上，取得一定成就。公司与万科、中海、保利、恒大、世贸、鲁能、中粮、富力等多家知名房地产企业建立了长期稳定的合作关系，同时，公司承接了众多地方政府的城市园林绿化建设工程。

（3）建筑公司

××集团有限公司是世界 500 强企业——中国××股份有限公司的成员企业，前身为××，诞生于 1948 年，1984 年兵改工后改编为××，1999 年 12 月更名为××。2001 年 8 月建立现代企业制度，改制为××集团有限公司。2008 年 3 月，随××集团整体上市。集团公司先后荣获中国建筑工程鲁班奖 9 项；国家优质工程奖 17 项；中国土木工程詹天佑大奖 7 项；国家科技进步奖 12 项；"新中国成立 60 周年百项经典暨精品工程" 5 项；省部级优质工程奖 264 项；还先后荣获 "全国五一劳动奖状" "全国文明单位" "全国精神文明建设先进单位" "全国优秀施工企业" "中国优秀诚信企业" "湖北省优秀企业" "全国模范职工之家" 等荣誉称号。

（4）监理公司

××工程管理（集团）有限公司是在 1997 年 10 月成立的××工程监理咨询有限公司基础上发展起来的，母公司××工程管理（集团）有限公司于 2003 年 12 月 22 日经国家工商局核名、北京市工商局颁发企业登记证，正式命名成立。公司注册资金为 5000 万元，是国内第一家跨行业、跨地区、跨部门的集工程项目管理（代建）、监理、咨询、设计、招投标代理于一体的大型工程集团，是中国首家综合性工程管理企业。

具有国家八部委颁发的资质证书，具有住建部颁发的房屋建筑工程甲级、市政公用工程甲级、港口与航道工程甲级、农业综合开发工程甲级、林业与生态工程、化工石油工程甲级、电力工程甲级监理资质及公路、矿山、机电安装、铁道工程等多项乙级资质。

（5）销售代理公司

××地产成立于 1993 年，是国内最早从事房地产专业咨询的服务机构。2007 年，××地产整体改制，成立××地产顾问股份有限公司。

经过 20 多年的发展，××地产现已成为全国性的房地产服务提供商，拥有子公司、控股公司共 53 家（含并购公司），超过 12000 名员工。其代理业务成功布局 43 个城市、顾问业务成功植入 16 个分公司，已为全国 200 多个城市的客户、超过 5000 个房地产项目提供了高品质的综合服务。××地产以深圳为总部，分别在珠三角、长三角、环渤海等区域建立起华南、华东、华北、华中、山东五大业务中心，形成"咨询＋实施"独特的业务模式，提供从区域开发、旧城改造、土地出让到项目开发、销售以及二手房租售的综合服务，并凭借本地智慧和全国共享的知识平台，为客户跨地域和细分市场下的多样化、精细化发展提供强有力的支持。

××地产以"为客户挖掘物业价值，降低交易成本，解决房地产问题"作为经营之本，不断强化持续推动中国房地产市场发展的服务力量，致力于成为中国房地产市场服务的第一选择。

（6）物业管理公司

① 公司简介。××物业有限公司成立于 1997 年，隶属于中国标准化运营的地产领导者恒大地产集团，系国家一级资质物业管理企业。公司拥有分支机构逾 32 家，在管物业项目逾 272 个，总建筑面积逾 3883 万平方米。

××物业有限公司拥有一支逾 12000 人的年轻化、高学历、高素质的管理骨干和专业技术队伍，凭借其一贯的创新精神、专业化管理、规范化运作等优势，不断引入国内外先进的管理理念，打造公司特色管理模式，以其鲜明的"三大特色"（特色的保安队伍、特色的物业服务、特色的社区文化）鹤立于全国物业管理行业。同时，××物业有限公司是物业管理行业中率先通过 ISO9001：2000 版质量管理体系认证企业。

② 物业管理特色

a. 先进的管理模式。××项目物业管理实行"整体联动、技人结合、功能封闭、区域配防、内紧外松"的管理运作模式。

整体联动：自建保安管理队伍，将小区、商业、停车场各功能的安全纳入统一管理机制，各岗位有效配合，实现治安管理、消防管理、安全管理、交通与停车管理、突发事件应急处理整体联动。

技人结合：充分发挥配置的安全智能设施设备效能，再针对管理现场实际情况，配备保安人员的巡防检查，做到安全无盲点。

功能封闭：按照功能划分与业户性质，分不同功能实施不同的封闭式管理。

区域配防：根据不同使用功能的安全管理特性，配置保安岗位和人员，达到高效合理。

内紧外松：以人为本，从为业户提供方便的角度出发实施安全管理。内部，时刻保持高度的安全警惕性，严格执行各项制度和管理措施，安全防范做到一丝不苟；对外，尽可能简化安全程序，使物业保持安全、祥和的氛围。

b. 安全、全面的安防系统。本小区共设有三层安防设施：第一层设置于小区最外围：周界防越报警系统＋红外探头对设，以防止不法分子从外围进行翻越；第二层设置于小区公共区域：电子巡更系统、每栋建筑主入口及重要出行区域设置摄像监控，每栋入户大堂设置楼宇对讲系统，电梯轿箱设置摄像头，以随时发现小区内非正常情况的发生，防患于未然；第三层设置于每户室内，含超大彩色可视对讲机、门磁、在主卧室设置紧急报警器一个、在客厅设置红外探测器一个（在业主设定的情况之下起作用），以避免任何意外情况的发生。

c. 内部规范的秩序管理

（a）在物业主出入口设有 24h 站岗值勤。

（b）对重点区域、重点部位每 1h 至少巡查 1 次。

（c）社区内不但配有最先进的 24h 红外线智能化安防系统，而且还配有安全监控设施，实施 24h 监控。

（d）对进出物业的装修、家政等劳务人员实行临时出入证管理。

（e）对火灾、治安、公共卫生等突发事件有应急预案，事发时及时报告业主委员会和有关部门，并协助采取相应措施。

d. 全面、专业的工程管理

（a）对共用设施设备进行日常管理和维修养护。

（b）建立共用设施设备档案，设施设备的运行、检查、维修、保养等记录齐全。

（c）设施设备标志齐全、规范，责任人明确；操作维护人员严格执行设施设备操作规程及保养规范；设施设备运行正常。

（d）对共用设施设备定期组织巡查，做好巡查记录，如需要维修，属于小修范围的，及时组织修复；属于大、中修范围或者需要更新改造的，及时编制维修、更新改造计划和住房专项维修资金使用计划，向业主大会或业主委员会提出报告与建议，根据业主大会的决定，组织维修或者更新改造。

（e）保障载人电梯 24h 正常运行及路灯、楼道灯完好。

（f）确保消防设施设备完好，可随时启用；消防通道畅通。

（g）设备房保持整洁、通风，无跑、冒、滴、漏和鼠害现象。

（h）维护小区道路平整，主要道路及停车场交通标志齐全、规范。

（i）对容易危及人身安全的设施设备有明显警示标志和防范措施；对可能发生的各种突发设备故障有应急方案。

e. 对外关系协调和处理

（a）定期与物业各业主沟通并收集意见，保持双方友好关系，促进物业管理运作更顺畅。

（b）与区内政府机关及有关团体保持联络，遇有特别事件或状况发生时能即时发挥作用。

（c）建立危机处理机制，以备突发事件发生。

③ 物业管理服务费。物业服务费实行包干制，每月收费标准暂定为按住宅建筑面积多层及高层住宅 1.75 元/m²，商业 3.50 元/m² 收取。物业服务费不包括公摊水电费。物业服务费如遇政府执行标准调整，按政府最新标准执行。

第六节

二线城市综合体项目如何进行目标客户群分析

与住宅项目不同的是，城市综合体项目面对的客户群有多种类型，根据项目开发的物业类型，一般包括住宅客户、写字楼客户、商业租户以及酒店运营商等。

一、二线城市综合体项目目标客户群分析的方法

二线城市综合体项目目标客户群分析的常用方法主要有问卷调查法和深度访谈法。

1. 问卷调查法

问卷调查法是指调查人员把需要了解的问题编制成问卷，并选择不同阶层、不同收入的人群发放问卷，以全面了解客户的需求。下面是某二线城市综合体项目写字楼物业的目标客户群分析。

（1）问卷调查结果

某公司于 2015 年 12 月对××市写字楼客户进行问卷调查。此次调查重点针对××市写字楼租用客户，共发放问卷 80 份，回收 70 份，其中有效问卷 62 份，部分调查结果如下。

① 购买关心因素。××市写字楼客户购买关心因素主要包括地段、形象、交通等，具体见表 1-19。

表 1-19　某市写字楼客户购买关心因素

地段	形象	交通	价格	周边配套	内部配套	投资潜力	物业管理
90％	70％	50％	90％	30％	10％	20％	15％

客户对写字楼的价格最为关注，其次是地段和形象。

② 商业配套因素。××市写字楼购买客户关心的商业配套因素包括银行、商务中心、邮局等，具体见表 1-20。

表 1-20　某市写字楼购买客户关心的商业配套因素

银行	商务中心	邮局	快餐厅	商场	酒楼	健身房	便利店
95％	20％	40％	13.64％	30％	10％	5％	5％

写字楼客户对和办公紧密相关的配套需求很大；客户对银行、邮局、商场、在楼宇中的设置非常关心。

③ 形象因素。××市写字楼购买客户关心的形象因素包括楼宇造型、大堂、层高等，具体见表 1-21。

表 1-21　某市写字楼购买客户关心的形象因素

楼宇造型	大堂	层高	楼宇外墙	卫生间	内部过道
70％	50％	40％	40％	10％	10％

楼宇造型、大堂是最受关注的形象因素；对于形象和档次起重要支撑作用，并且能直观被客户所感受的部分最为客户关心。

④ 硬件设施因素。××市写字楼购买客户关心的硬件设施因素包括电梯、网络、空调等，具体见表 1-22。

表 1-22　某市写字楼购买客户关心的硬件设施因素

电梯	网络	空调	员工餐厅	花园	供电
50％	90％	40％	40％	9.09％	70％

电梯、网络、空调、员工餐厅是最受关注的硬件设施。

（2）对项目的启示

写字楼的"形象"及"商务配套"逐渐成为客户购买写字楼物业所要考虑的重要因素，

本项目可以强化这两个方面的优势，吸引客户。

2. 深度访谈法

深度访谈法是指通过对个别典型目标客户的深入访问，全面了解客户的实际需求。如对于商业租户，其访谈的要点主要包括租户的意向，对商铺的面积、层高、硬件、车位等的具体要求。下面是某二线城市综合体项目商业物业的目标客户群分析。

本项目商业物业的目标客户群特点见表1-23。

表 1-23　项目商业物业目标客户群特点

品牌		×××
品牌简介		×××于1995年进入中国后，采用国际先进的超市管理模式，致力于为社会各界提供价廉物美的商品和优质的服务，受到广大消费者的青睐和肯定，其"开心购物"、"一站式购物"等理念已经深入人心。如今，×××已成功地进入了中国的47个城市，在北至哈尔滨、南至深圳、西至乌鲁木齐、东至上海的中国广袤土地上开设了182家大型超市，聘请了3万多名员工
目标区域		遍及中国47个城市
商户类型		大型超市
拓展策略		拟2011年增开20余店
对本项目意向		在合肥有意向开店，视具体项目位置而定
条件	面积	2万平方米左右
	层高	6m
	硬件要求	①专用卸货区宽度30m左右 ②柱距要求8m×10m或9m×9m ③可开在地下室，也可开在四五层，但最佳为地面一、二层或地下一层和地上一层。一般占两层空间，不开三层
	车位要求	大型停车场
合作模式		直营连锁

二、二线城市综合体项目目标客户群的主要类型及各类型的分析要诀

1. 住宅客户分析的要诀

在分析住宅客户时，主要是对各类型居住人群的特征进行分析，具体包括文化水平、收入水平、购房目的等特征的调查分析。下面是某二线城市综合体项目的住宅客户分析。

（1）××市本地原乡镇农民

① 文化素质水平不高。

② 部分居民为暴发户，喜欢追求高端人群的生活方式。

③ 部分收入中等者在当地均有自建房，以种植业为稳定的收入来源。

④ 该部分群体在有经济能力基础上喜欢居住面积更大、更能体现自己身份地位的住房。

（2）××市原住居民之个体户及私营单位群体

① 文化素质水平不高。

② 多为家族式经商，主要是在城市里从事个体经营，收入良好。

③ 收入来源依赖××市市场，重视地段、生活周边配套，有很强的地域归属感，对城市综合体项目有良好印象。

（3）××市原住居民之行政及事业单位员工

① 文化素质水平较高。

② 工作单位多在市区内，故更倾向于周边配套成熟的社区。

③ 随着市政各大单位东移，对政府政策的熟悉和了解，容易接受市政新区。

（4）周边县市进城务工非原住民

① 文化素质水平低。

② 收入较一般，多从事繁重的体力劳动。

③ 在城北工作的非原住民比较多，购房需求一直比较旺盛。

（5）城市内刚需及改善型居住人群

① 个体户及行政或企事业单位员工。

② 收入水平中高端偏高。

③ 文化素质水平中等。

④ 尽管常年于市内成熟地段工作，但接受意识较强，更具前瞻性，能接受未来5年的发展规划。

⑤ 随着家庭的发展，对房子升级换代有较强的要求，希望住进高档的、高性价比的社区，自住性强于投资性。

（6）城市周边县份客户

① 公务员、私营业主、老板。

② 收入水平偏高。

③ 文化素质水平中等。

④ 希望成为桂林人的第一套房的刚性需求和购买第二套房的改善型自住需求。

⑤ 看重项目的品质及开发商实力。

（7）广西乃至全国各地、东盟各国投资客

① 主要人群：全广西范围的私营业主、老板、炒房团等；全国各地的投资者和炒房团，甚至东盟各国购房者。

② 来源地：区内外均有。

③ 年龄段：年龄层面广，25～50岁之间。

④ 有足够的经济能力，受过较好的教育或者有较深的社会阅历和见解，熟悉本市的发展规划，能根据未来趋势果断置业，倾向于投资高端房地产产品。

2. 写字楼租户分析的要诀

在分析写字楼租户时，主要是对写字楼租户的行业类型、面积需求、接受的租金水平、办公场所选址要求等要点进行分析。下面是某二线城市综合体项目的写字楼租户分析。

（1）写字楼客户访谈

××律师事务所是经××省司法厅批准的省直合伙律师事务所，拥有一支经验丰富、专业扎实、业务精湛的律师团队，为社会各界提供及时周到、专业规范、优质高效的法律服务。本所拥有律师及行辅人员50余名，其中享受国务院特殊津贴的突出贡献专家1名，教授3名，副教授5名，具有硕士或博士学位人员有30多名，常年为数十家政府机关、企事业单位提供法律顾问服务。

××科技有限公司是以通信电子信息领域为主导产业的高科技企业，主要从事光纤数据通信产品、视频监控产品、网络与信息设备、工业自动化控制设备、通信终端产品、计算机软硬件的销售与服务，同时提供系统集成工程、安防工程、通信机房工程、建筑智能自动化工程、计算机软件开发和网络技术支持等服务。公司自1997年成立以来，通过了ISO9001质量体系管理认证，取得了安防一级施工资质，并于2000年增资扩股为××省省级企业。

××集团有限公司是经市国资委批准设立，并授权经营的国有独资公司，注册资本为人民币8.7亿元。公司以金融为主业，以房地产和资产管理为补充，业务范围涉及银行、证券、保险、信托、基金、租赁、典当、房地产等多个领域。

（2）写字楼客户访谈总结

近几年，××市写字楼市场处于发展阶段，因老城区的商务楼宇已相对老化，知名国际国内大型企业集团主要选择进驻在新兴区域包括××路、××区的甲级办公楼。××区达到国际化标准的甲级写字楼在未来两三年将推向市场，引起国际国内500强级企业关注。

××市金融类公司在写字楼租户中的比例是最高的，是××市写字楼市场最主要用户；物流商贸类、生产制造类、电子通信类这些行业是租户群体的重要组成部分；专业的咨询服务公司类随着××市经济的不断发展、第三产业的提升，未来比重将不断扩张。××市写字楼租户层分布相对较宽，行业来源众多。

××市中高档写字楼租户面积单元主要在100～150m²左右，比重达到48%；租赁面积在200m²以上的租户开始缩减，主要以国有企业、外资公司为主。××市中端写字楼面积区间多控制在40～100m²，基本以××市本地和省内企业为主，民营企业占多数。

××市写字楼40%的租户对办公面积有拓展意愿，主要为租约到期和企业发展扩张因素等普通需求，其选择办公考察期较长。企业拓展意愿度主要受经营情况、行业发展趋势或总部规划影响。拓展意愿较强的企业主要考虑为突出企业形象，选择最好最新的楼进行搬迁，目前对本项目的区域关注度较低，若未来商业商务发展较好，会考虑。

本地企业主要考虑以购买方式进行面积拓展，既可降低办公成本，也可提高企业形象和资本积累。省外企业或境外知名企业主要考虑以租赁形式进行，其对租金变化并不敏感。

3. 商业租户分析的要诀

在分析商业租户时，应对不同业态商业租户的特点需求分别进行分析，具体包括不同业态商业租户对于面积、层高、硬件设施等的要求以及对本项目的意向程度，为项目后续的商业定位及规划设计提供策划依据。下面是合肥市某综合体项目的商业租户分析。

（1）4S店商户分析

① 汽车经销商一般以租用场地的方式建设汽车4S门店，投入在5000万元以上。

② 从现今市场上来看，4S店盈利可观，因此吸引众多汽车经销商开设4S店，经销商的成交量越多，拿到的返利比例越大。

③ 建设4S店投入资金较大，并且需要交给厂商一定的保证金。

某4S店基本情况见表1-24。

表 1-24 某4S店基本情况

品牌	××××
品牌简介	×××，德国汽车品牌，被认为是世界上最成功的高档汽车品牌之一。×××已成为世界上最著名的汽车及品牌标志之一，100多年来，××品牌一直是汽车技术创新的先驱者
目标区域	位于城市的主路旁，可见性高
商户类型	高端汽车4S店
投资额	1亿元以上
拓展策略	合肥或者周边二线城市3年内开设5家4S店
对本项目意向	高端品牌的拓展计划都会在合肥开4S店或者展厅。本项目以汽车为主题，品牌有机会有兴趣入驻本项目。至于是否会成功进入项目，需要视政府的优惠条件、业主的商务条件等因素决定，需要在后续实际招商谈判中明确

条件	面积	一般 3000m² 以上，最大可达 25000m²
	层高	7m 挑高
	硬件设施	展厅内无柱距阻隔
合作模式		土地转让或租赁

其他品牌 4S 店商户分析：略。

（2）汽修美容商户分析

某汽修美容商户的基本情况见表 1-25。

表 1-25　某汽修美容商户的基本情况

品牌		×××
品牌简介		×××汽车用品有限公司由××集团旗下××汽车工业销售有限公司与日本知名汽车用品品牌××强强联手共同组建，主要经营大型汽车用品百货超市业务，为有车族提供轮胎轮圈、音响导航、机油电瓶、改装用品、车内用品、车外用品、化学用品、机能用品等万余种国产及进口汽车用品，并集合汽车美容装饰、汽车防护、安检保养、汽车维修、个性改装、车务服务等为一体，提供一站式汽车生活服务
目标区域		大中城市
商户类型		专业服务；汽配及汽车美容店
拓展策略		大中城市
对本项目意向		集团汽配城不进驻，考虑区域环境
条件	面积	100～500m²
	层高	无
	区域要求	①应重点考虑地面或地下停车场，这些场地出入方便，停车位多，且不影响城市景观，易获批准。同时，由于其车位集中，确保了充足的客源，加上这一场地面积大而租金低，使其成为当之无愧的首选 ②可以考虑加油站旁和公交站末，虽然这些地段客源要少些 ③选择一些允许范围内的临街铺面，但这一地段面积小，投资者应谨慎从事
合作模式		直营、加盟

其他品牌汽修美容商户分析：略。

（3）餐饮商户分析

表 1-26 是某餐饮商户的基本情况。

表 1-26　某餐饮商户的基本情况

品牌	×××
品牌简介	×××成立于 2001 年，是国内以鲜酿啤酒为核心、南美烤肉和中西合璧自助餐为辅的同业市场领导品牌。融合世界啤酒文化的纯欧式环境、丰富的产品、现场乐队演奏和高品质的服务，缔造了×××式的休闲餐饮文化
目标区域	全国各大一二线城市
商户类型	大众型自助餐饮
拓展策略	全国约 100 家×××店铺，有意向二线城市拓展
对本项目意向	可以考虑进驻项目，视具体项目建设情况，保持联系

	面积	700～1500m²
	层高	不低于 3.5m
条件	硬件要求	①水电、消防、空调、排风、燃气、排污等设施要求齐全(供电 400kV·A、局部承重 500kg/m²以上、水压不低于 4kg、上水管不低于 50mm、下水不低于 150mm、燃气流量不少于 60m³/h,要有 1 次消防合格证) ②楼层可在 1～2 层(如在商业中心内,附近有直达电梯可考虑 3～4 层)
	车位要求	应具备 20 个以上免费停车位
合作模式		直营,加盟

其他品牌餐饮商户分析：略。

（4）卖场商户分析

表 1-27 是某卖场的基本情况。

表 1-27　某卖场的基本情况

	品牌	×××
	品牌简介	创建于 1919 年,是英国最大的零售商,也是全球三大零售企业之一。在全球拥有门店数超过 3000 家,分布 13 个国家。每周平均为全球超过 3000 万客户提供服务。2004 年,正式进入中国市场,目前旗下在华连锁大卖场已超过 60 家,分布于东北、华北、华东、上海和华南五大区域
	目标区域	国内一、二、三线城市均可
	商户类型	英国卖场类品牌
	拓展策略	城市商业中心、社区中心、规划中大型商业地块、住宅密集区 位于城市主干道,2km 范围内人口数量在 15 万以上
	对本项目意向	在合肥有开店意向,具体看项目建设情况
	面积	10000m² 以上
	层高	层高大于 5.5m,梁下高度大于 4.6m
条件	硬件要求	①柱网:10.8m×8.4m ②楼板载重:超市卖场 800kg/m²、专卖店区域 450kg/m²、仓库区和室内收货区 1000kg/m²、停车卸货区域＞1500kg/m²、空调/压缩机房等机电设备区 1000kg/m²、停车场＞400kg/m² ③配电负荷:3200kV·A ④装修交付:粗装
	车位要求	300 个以上
合作模式		租赁,租期 20 年以上,可自建

其他品牌卖场商户分析：略。

4. 酒店运营商分析的要诀

二线城市综合体项目酒店物业的运营一般由开发公司委托给专业的酒店运营商负责经营管理,因此,有必要对酒店运营商对于酒店的相关要求进行分析,分析的要点具体包括酒店运营商对于酒店规模、硬件、配套、管理模式等的要求。下面是合肥市某综合体项目的酒店运营商分析。

（1）××国际酒店

世界第一酒店特许经营品牌××创始于1954年的美国。1959年，集团更名为××，同年第一次出售特许经营权，标志着集团品牌和管理开始进入成熟期。

今天，××已发展成为遍布包括美国在内的全球134个国家、具有1000多家××国际酒店的大型酒店管理集团。××国际酒店的基本情况见表1-28。

表1-28　××国际酒店的基本情况

品牌	××国际酒店
档次及主题定位	四至五星级时尚商务型酒店
目标客户定位	中高端商务客群、政府客群、外籍访客、旅游客等
客房规模要求	基本客房数量控制在200间以上
客房面积要求	标准客房30~40m²
酒店规模要求	酒店总建筑面积不限
配套设施要求	咖啡厅、行政酒廊、商务中心、宴会厅、会议室、SPA会馆、游泳、健身房等
硬件设施要求	中央空调系统、智能化管理系统、有线及无线网络、消防控制系统等
管理模式要求	全权管理、委托经营、特许经营
房价水平要求	基本房价区间控制在与当地一线国际品牌酒店持平的水平
在合肥拓展情况	计划5年在合肥开1~2家酒店
对运营本项目的意向	有初步合作意向，具体合作意向需要集团对周边市场进行进一步分析及考察后得出

（2）瑞士××酒店

瑞士××酒店是拥有30多年成功经验的瑞士豪华酒店品牌。瑞士××酒店以灵活的管理模式，有效提升酒店市场竞争力和利润。在全球三大洲六个国家管理近30家酒店，遍布德国、日本，以至我国厦门、南昌、贵阳、昆明等众多城市。该酒店的基本情况见表1-29。

表1-29　瑞士××酒店的基本情况

品牌	瑞士××酒店
档次及主题定位	五星级行政豪华型酒店
目标客户定位	中高端商务客群、政府客群、外籍访客、旅游客等
客房规模要求	基本客房数量控制在250间以上
客房面积要求	标准客房面积35~45m²
酒店规模要求	酒店总建筑面积不限
配套设施要求	咖啡厅、行政酒廊、商务中心、宴会厅、会议室、SPA会馆、游泳、健身房等
硬件设施要求	中央空调系统、智能化管理系统、有线及无线网络、消防控制系统等
管理模式要求	全权管理/委托经营
房价水平要求	基本房价区间控制在与当地一线国际品牌酒店持平的水平
在合肥拓展情况	3年内在合肥开设1~2家酒店
对本项目的意向	有初步合作意向，具体合作意向需要集团对周边市场进行进一步分析及考察后得出

第七节
二线城市综合体项目如何进行竞争对手分析

二线城市综合体项目可能存在住宅、公寓、商业、写字楼等多种物业类型，在进行分析时，需要根据项目本身开发的物业类型进行住宅竞争对手分析和商业竞争对手分析。

一、二线城市综合体项目住宅竞争对手分析的方法

二线城市综合体项目如果有住宅物业类型，策划人员应对区域住宅竞争对手进行分析，主要包括区域住宅项目整体竞争格局分析和区域住宅竞争个案分析。

1. 区域住宅项目整体竞争格局分析的方法

二线城市综合体项目的区域住宅项目整体竞争格局分析的方法主要有以下两种。

（1）方法一

通过对项目所在城市各板块间住宅产品在区域资源、产品形态和价格等方面的对比，分析各板块间的竞争关系。如某二线城市综合体项目的区域住宅项目整体竞争格局分析。

① 板块特征。随着城市的发展，××市住宅产品已基本形成六大板块，南×新城将成为下一个高端住宅板块。

a. 市中心和×江板块为公认的豪宅聚集板块；

b. ×江板块可出让土地较少，未来上市项目将逐渐减少；

c. 南×板块受南×新城开发建设的影响，加上生态优势，未来将成为新的高端人居板块；

d. 丁×板块成为公寓产品的沃土，整体以小高和高层为主；

e. 丹×板块自然风景好，随着南×新城的建设，丹×板块必将更快地融入主城区，将是镇江未来的次豪宅板块；

f. 金×板块开发较为滞后，目前产品以高层、小高为主。

总体来看，××住宅市场价格区域整体较窄，公寓与洋房之间价差 $1000\sim1500$ 元/m²，双拼、联排、洋房逐级价差 1000 元/m²，独栋较双拼约贵 2000 元/m²。××市六大板块的区域资源、住宅产品形态以及产品价格见表 1-30。

表 1-30　××市六大板块住宅产品特征

板块名称	区域资源	产品形态	平台价格/（元/m²）
南×板块	临××山、新市政中心	多层、小高层、别墅	公寓 7000～7500 洋房 8500～9500 别墅 10000～14000
金×板块	临××山、长江	多层、小高层	4600～6000
市中心板块	交通便利、配套完善	小高层、高层	8000～8500
×江板块	临××山、长江，配套完善	多层、小高层、别墅	公寓 6000～7000 洋房 7500～9000 别墅 8000～11000

板块名称	区域资源	产品形态	平台价格/(元/m²)
丹×板块	新城规划、生态条件好	别墅为主,小高、多层	公寓 4500～5000 别墅 6500～12000
丁×板块	新城规划、工业主导	小高层、高层为主	5500～6500

② 竞争界定。项目目前属于南×新城板块,项目所在区域紧邻丹×新城板块,从竞争关系来看,板块间的竞争相对较弱。

a. 项目虽属于南×新城大板块,但随着××高铁站综合体的建设,未来将形成一个新的"高铁新城板块";

b. 从竞争关系来看,相对于南×新城核心板块,本案一期因产品线较窄,与核心区部分项目将形成一定的错位竞争以及对于主城区溢出客源的争夺;

c. 相对于丹×新城板块而言,本项目存在单价较高,总价高的劣势,将会被丹×新城截留部分"城市化下的进城"客户;

d. 相对于其他板块,地域性的差异很难形成直接的竞争,因此,本项目忽略其他板块的竞争影响。

(2) 方法二

从区域住宅项目产品的定位、户型、面积、客源、营销手段、项目体量、建筑风格等角度分别对区域住宅竞争项目的特点进行具体分析,最后对区域住宅项目整体的竞争格局进行总结并简要说明在该区域开发住宅产品的机会或风险。下面是某二线城市综合体项目的区域住宅项目整体竞争格局分析。

××市全市的住宅在售和待售楼盘将近 200 个,相对于××市目前的城市规模来说,其住宅开发量偏大。

项目所在的××区住宅开发处于起步阶段,从政府规划来看,多块土地规划为住宅用途,项目所在区域尚未开盘的项目主要有位于××南路东侧、××东路南侧、××湖路西侧、××河北侧的××项目等,建筑面积 128302.4m²,占地面积:32080.6m²,具体分析如下。

① 产品定位。××市政府为房地产开发商提供了优厚的招商政策、廉价的土地成本,所以各大房地产开发商看好××市房地产开发前景,纷纷涌入××市进行投资建设,使得××市的住宅产品在近 5 年内得以快速增加。

从单个产品角度来分析,其建筑形态、外观设计、配套设施、物业管理、绿化景观等,均达到成熟水平,且住宅产品高中低端层次分明,低端产品以价格吸引刚需型客户,中端产品以性价比吸引投资型客户,高端产品以综合品质吸引享受型客户。

② 产品的房型设定。××市住宅产品形态主要以高层和小高层为主,别墅和多层的住宅产品为数不多。30%左右产品为两居设计,50%左右产品为三居及三居以上的大房型,小面积的一居或者类似单身公寓的小房型较为罕有。小户型面积在 45～60m² 之间,两居面积在 80～95m² 之间,三居面积在 95～120m² 之间。

③ 产品的面积设定。面积段在 95～130m²/套的房屋在××市应用最为广泛,这和××市市民的生活观念和房价相关。××市市民工作压力相对较小,生活节奏较慢,相对大城市,××市的市民有更多的时间和空间来享受生活。并且目前××市的房价相比周边城市来说并不高,大户型自然而然地成为了当地购房者的首选。

④ 产品的价格定位。××市的城市规划、城市硬件建设现状和城市发展速度在××省的各个城市中属于较为优秀的,但相对同级别城市,××市的房价却更低,其主要原因是×

××市市民的购买力不足，且××市本地居民自身拥有不少动迁安置房，对于商品房的居住需求很少。××市尚未建设高铁，人口导入不足，开发速度过快，开发体量过大也是××市整体房价相对较低的重要原因。

××市××区普通住宅均价在 5000～5500 元/m² 左右，××区的普通住宅价格在 3800～4200 元/m² 左右，而项目所在区域的普通住宅均价在 4000～4600 元/m² 左右。

⑤ 产品的购买客源

a. 按购买人群分类。××市商品房购买人群的类型如图 1-6 所示。

××市的商品房销售情况不佳。在购买当地商品房的客户中，60％是私营业主、机关公务员等高收入人群，30％为企业员工等中等收入人群，也有少部分外来人员或者公司购买用来做职工宿舍（图 1-6）。

b. 按购买动机分类。××市商品房购买动机的类型如图 1-7 所示。

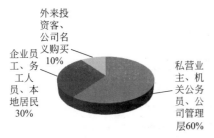

图 1-6　　××市商品房购买人群类型

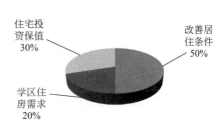

图 1-7　　××市商品房购买动机类型

由图 1-7 可以看出，50％的客户购买商品房的目的是为了追求更高的生活品质，30％是为了资产的保值增值而购买，20％购房者是因为看中区域××园区的便利性。××市的百姓阶层因为收入不高，且居住需求并不强烈，所以这部分人群很少来购买商品房。前些年，少量的外来投资客看好××市未来的规划，有部分在××市投资购买了住宅，但是近期××市的整体住宅市场并不理想，投资风险增高，所以外来投资客的购买意愿也不强。

⑥ 产品的营销手段。近期，全国楼市都进入打折期，以降低价格来促进销售是目前的大势所趋。××市同样如此，大部分楼盘均存在 95 折～97 折的优惠，特价房、一次性付款奖励等常规优惠方式非常常见。开发商在楼盘的广告宣传方面的资金投入并没有吝啬。因为整体市场的不佳，打折促销的手段在当地并没有更多地促进商品住宅的销售，反之，规模性的广告和 SP 宣传活动倒是会大大增加产品在当地的知名度，促销效果更佳。

⑦ 项目体量。××名都、四季××这两个项目的总建筑面积都到达了 90 万平方米，××城项目的总建筑面积也超过 50 万平方米，其他项目均在 20 万～30 万平方米之间。

⑧ 建筑风格。××名都、四季××和中央××走的是高端路线，其建筑风格更接近欧式建筑；××城、海润××等项目总体属于中端产品，其建筑风格更为现代；而××美地、天润××项目相对较为低端，建筑风格更为亲民。

⑨ 建设现状。中央××项目尚未开盘，还在土地平整阶段，四季××项目尚未封顶，其他项目均已封顶，进入交房阶段。

小结：现阶段，××市住宅房地产开发供应量大，特别是本案周边区域，可售供应明显大于需求，但是随着城市规划进程的加快，未来"移动呼叫中心"的导入，区域的住宅供求结构将发生一定的变化。因此，未来本案所在区域的住宅开发将是××市关注的重点区域。同时，从目前的住宅市场销售价格来看，近几年房价基本处于稳定提升阶段，进行住宅项目开发的总体风险较小。

2. 区域住宅竞争个案分析的方法

区域住宅竞争个案分析是指为了了解其他竞争个案对本项目的影响程度，对比找出本项目的优劣势和进行更准确的住宅产品定位而进行的对与本综合体项目住宅物业存在竞争关系的具体项目的详细分析。在进行分析时，主要有以下两种方法。

（1）方法一

从竞争个案的产品形态、户型面积、价格、去化情况、风格、客源等角度分别对不同住宅竞争个案进行对比分析，有助于本项目在产品形态、户型面积等方面找到差异化发展机会。下面是某二线城市综合体项目的区域住宅竞争个案分析。

① 竞争项目分布。个案选取：南×新城板块 4 个，即××景园、××第、××沁园和××城；丹×新城板块 3 个，即××城邦四期、××郡和××苑。

② 竞争列表。本项目竞争对手的基本情况见表 1-31。

与南×新城为部分面积段的错位竞争，与丹×新城项目是总价段的竞争。

表 1-31　本项目竞争对手情况

区域	项目名称	位置	总建/m²	产品形态	建筑风格	户型面积/m²	开盘价格/(元/m²)
南×新城	××景园	—	100000	别墅、小高层、高层	现代简约	98～240	8000（折后 7700）
	××沁园	—	374700	小高层、高层	ART-DECO	89～132	8600（精装修约 1500）
	××第	—	163670	小高层、高层	现代简约	70～185	7500（折后 7200～7300）
	××城	—	200000	别墅、小高层、高层	现代欧式	89～143	9200（折后 9000）
丹×新城	××城邦四期	—	123000	别墅、小高层、高层	英伦风格	62～124	5200～5300（折后 5000）
	××郡	—	100000	别墅、高层	法式风格	72～135	折后 4600
	××苑	—	30000	多层、高层	现代简约	89～127	5500（折后均价 4500）

a. 从产品形态来看，小高层、高层正成为主流，但部分项目带有低密度产品，如联排、叠加或洋房产品。

b. 从户型面积来看，所有项目均主打大户型产品，以改善型需求为主，市场缺少小面积段紧凑型产品。

c. 从竞案价格来看，南×新城板块整体价格在 7000～7500 元/m² 之间，丹×新城板块约在 4500～5000 元/m² 之间，整体价差约为 2500 元/m² 左右。

③ 竞争面积段。南×新城和丹×新城两个板块竞争对手的户型面积特点如图 1-8 所示。因板块发展层级不一样，同户型面积段差异较大，相同总价下，丹×新城同户型面积相对较大，两居基本在 90m² 左右，三居维持在 120～140m² 之间。

表 1-32 是本项目竞争对手的产品形态及主力面积。

表 1-32　竞争对手的产品形态及主力面积

项目名称	产品形态	主力面积
××景园	别墅、小高层、高层	两居：98m² 三居：141～148m² 一居以上：160～240m²

项目名称	产品形态	主力面积
××沁园	小高层、高层	两居：89m² 三居：118～132m²
××第	小高层、高层	两居：70～82m² 三居：129～142m²
××城	别墅、小高层、高层	两居：89m² 三居：138～143m²
××城邦四期	别墅、小高层、高层	一居：62m² 两居：90～100m² 三居：120～125m²
××郡	别墅、高层	两居：72～85m² 三居：120～130m²
××苑	多层、高层	两居：89m² 三居：120～127m²

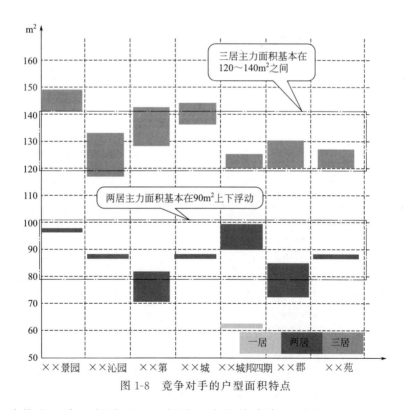

图1-8　竞争对手的户型面积特点

④ 竞争总价段。南×新城和丹×新城两个板块竞争对手的总价特点如图1-9所示。因单价相差悬殊，同户型段的总价差异也相对较大，南×板块两居总价在70万～85万之间，三居在100万～115万之间；丹×板块两居在40万～50万之间，三居总价在55万～65万之间。

表1-33是本项目竞争对手的均价及主力总价。

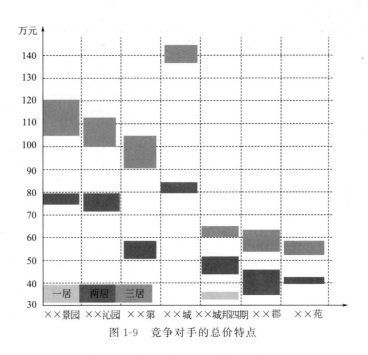

图 1-9　竞争对手的总价特点

表 1-33　竞争对手的均价及主力总价

项目名称	均价/(元/m²)	主力总价/万元
××景园	7700	两居：75～80 三居：105～120
××沁园	8600	两居：71～80 三居：100～113
××第	7200～7300	两居：50～58 三居：90～105
××城	9000	两居：80～85 三居：138～143
××城邦四期	5000	一居：32～35 两居：45～52 三居：60～65
××郡	4600	两居：35～40 三居：55～62
××苑	4500	两居：40～42 三居：53～58

⑤ 竞争去化分析。本项目竞争对手的去化情况见表 1-34。

a. 从去化情况来看，整体基本维持在 60% 左右，但考虑去化周期，多数项目去化艰难。

b. ××沁园、××城和××城邦四期三个项目供求数据均以近期数据为主，前期售罄部分未纳入统计。

c. ××第 8♯32 层超高层已领取预售证，但尚未销售，故未计入统计，只计算 9～12♯四栋楼。

d. ××苑 2♯楼 10 层含 10 层以下 9 月初开盘，销控显示已售出加已定约 25 套，去化很不理想。

e. 从月均去化套数来看，受调控影响，今年以来去化明显放缓，使得项目整体去化速度降低，相对而言，××沁园、××郡和××城邦四期去化相对较好。

表 1-34　竞争对手的去化情况

区域	项目名称	已售/套	开盘时间	去化率/(套/月)
南×新城	××景园	150	2014 年 12 月	15
	××沁园	123	2015 年 6 月	35.14
	××城	138	2014 年 10 月	11.5
	××第	83	2015 年 1 月	9.22
丹×新城	××城邦四期	492	2013 年 12 月	23.4
	××郡	242	2014 年 12 月	24.2
	××苑	0	2015 年 9 月初	0

今年开盘项目都不约而同地遭遇了调控压力，导致销售压力加大，跨年度销售项目去化周期明显拉长。

而从目前现状来看，多数竞案项目日来访量有限，但××沁园凭借品牌以及综合性价比优势依然能保持一定的销量。

⑥ 风格分析。南×新城项目风格呈现多样化，如现代简约、Art-deco、欧式风格等；而丹×新城则更加倾向于欧式风格，英伦、法式、地中海等随处可见。

⑦ 客源分析。竞品项目基本以各自行政区域内客户为主，因板块区位、定位不一样，南×板块客源层级更高，未来吸纳外区域高端客源能力更强。本项目竞争对手的客户组成、置业目的与身份特征见表 1-35。

表 1-35　竞争对手的客户组成、置业目的与身份特征

区域	客户组成	置业目的	身份特征
南×新城	××区 49% 市中心 25% 丹×新城等乡镇 18% 外区域 8%	以自住需求为主,其中改善居多,投资需求相对较少	市级政府公务员、事业单位中高层、私营业主等
丹×新城	丹×区 62% 周边其他乡镇 22% 市中心 10% 外区域 6%	自住需求为主,改善型需求和首置需求基本相当,投资客少	区公务员、事业单位、企业员工、拆迁户以及乡镇客源等

值得注意的是，这两个项目都属于新城规划，尤其是南×新城，属于市级新城规划，区域内现有客源少，行政区内新城外客源成为主要目标；随着调控的加压，尤其是对于投资客的打压，今年以来，投资客比例大幅萎缩，自住成主流。

（2）方法二

对不同竞争个案的基本概况、项目规划、区位交通配套、户型面积等方面的情况单独进行具体的分析，并对各竞争项目值得借鉴的地方进行总结。下面是某二线城市综合体项目的区域住宅竞争个案分析。

本项目的区域住宅竞争个案主要有××城、四季××和××广场等，其项目概况与总结分别见表 1-36～表 1-38。

表 1-36 ××城项目概况与总结

案名	××城	建筑形态	小高层（18 层）、多层（6 层）、花园洋房（5 层）
楼盘位置	—	开发商	××置业有限公司
项目卖点	宜居生态地产	主力房型面积	52～200m²
销售均价	洋房 9300 元/m² 多层 8000 元/m² 高层 7600 元/m²	装修情况	毛坯
户数	共 4500 户	开盘时间	2015 年 11 月
占地面积	294290m²	总建筑面积	556293m²
容积率	1.7	绿化率	36.8%
销售率	剩余 200 套左右，销售率 75%		
综合分析	分析内容		
项目规划	××城位于××市××区××南路与×山路交界处，北靠××大运河，项目总建筑面积 556293m²，可以说是城南板块一大盘，由 9 栋小高层建筑、7 栋多层建筑和 7 栋花园洋房组成		
区位交通	位于××市××区××南路与×山路交界处，1 路、6 路、7 路、13 路、22 路、27 路等多路公交车经过，但××市民对城南的接受度普遍较低，在多数市民眼里，××城所处的区域过于偏僻，购房吸引力较低		
周边配置	周围有××大酒店、中心会所、幼儿园、城南小学、××风情公园等生活配套，项目自身沿街商铺经营状况良好，为项目居民提供了充足的生活保障		
户型面积	××城房型配置丰富，从 50m² 的小房型到 200m² 的豪华户型均有，单身公寓 50～53m²，87m² 二房，120m² 三房，170～200m² 四房		
优惠政策	一次性付款 98 折，按揭付款 99 折		
客源分析	项目开盘时间较早，前期销售情况不佳，近期受自身动迁房带动，区域人口支撑增加，配套设施成熟，销售逐渐启动，购买客户主要看中其成熟的生活设施，自住客户居多		
项目总结	××城项目从开盘至今已经有 3 年时间，其项目体量属于其所在区域之最，且其项目一半是动迁房，在销售初期客户认同度不高，销售遇到了较大的阻力，从目前社区现状来看，已经显现出较浓的居住氛围，入住率较高 距离本案：2km		

表 1-37 四季××项目概况与总结

案名	四季××	建筑形态	高层（32 层）
楼盘位置	—	开发商	××置业有限公司
项目卖点	精致景观住宅	主力房型面积	88～139m²
销售均价	均价 9000 元/m²	装修情况	毛坯
户数	共 6000 户	开盘时间	2015 年 10 月 29 日
占地面积	300000m²	总建筑面积	900000m²
容积率	3.0	绿化率	31.3%
销售率	剩余 233 套左右，销售率 85%		
综合分析	分析内容		

项目规划	项目一期建设 9 栋高层住宅,导入人口近 2000 户,引进大型超市卖场,并且配备淮安市首个近 30000m² 景观示范区,以及近 4000m² 的五星级运动会馆
区位交通	区域周边有公交 1 路、9 路、17 路、20 路、22 路、23 路、27 路
周边配置	项目东面:大学城、××中学分校(规划中)、好又多超市、华联超市 项目南面:日报社、××银行、××区政府、××区检察院、××乡政府、交巡警二大队、××酒楼、××商务酒店、汽车南站 项目西面:××公园(在建)、××酒吧一条街(规划中)、××食品广场(规划中)、××小区、××菜场 项目北面:××市人民小学新城校区(本案为幼儿园、小学所属学区)、第二人民医院
户型面积	2 室 88～123m²,3 室 139m²
优惠政策	部分 2 层特价房 7888 元/m²
客源分析	外来商人,政府机关人员,投资客
项目总结	项目紧挨××市××区政府办公大楼,政府周边地块一般受关注度较高,其项目注重景观打造,建设了超大规模的景观绿化和现代化运动中心,并且规划有大型超市卖场,依据性强,在周边住宅中性价比较高 距离本案:500m

表 1-38　××广场项目概况与总结

案名	××广场精品住宅	建筑形态	高层(31 层)
楼盘位置	—	开发商	××集团
项目卖点	千亩水景住宅	主力房型面积	49～141m²
销售均价	均价 8000 元/m²	装修情况	毛坯,公共部分精装修
户数	当期 434 户	开盘时间	2014 年 10 月
占地面积	180000m²	总建筑面积	40000m²
容积率	3.6	绿化率	35%
销售率	剩余 200 套,销售率 46%		
综合分析	分析内容		
项目规划	本期住宅位于××广场东北侧,用地南侧为××路,西侧为××路,东侧和北侧为××路;本方案总体布局保持空间开放、整体,同时最大限度地扩大住宅的景观面,加强对北边××公园和南边××山公园景观视线的利用。1#地北侧高层公寓有序排列,最大限度地享受小区内园林景观和南边××山公园自然景观,远眺北边××公园自然景观。建筑布局顺应地形,户型主要房间均朝南、朝花园		
区位交通	区域周边有公交 4 路、23 路、3 路、18 路、32 路、69 路		
周边配置	××大酒店、××百货、国美电器、乐购、××影院、××KTV、大玩家电动城、中山医院、××小学、××中学		
户型面积	2 室 94m² 和 97m²,3 室 126～140m²		
优惠政策	全款 94 折,按揭 98 折		
客源分析	区域中高端客户,私营业主,政府机关公务员		
项目总结	项目由××集团投资开发,开发商实力雄厚,美誉度高,紧邻 1800 亩钵池山公园西北侧,稀有景观,物业由××集团自有品牌管理,品质毋庸置疑 距离本案:8.4km		

二、二线城市综合体项目商业竞争对手分析的方法

二线城市综合体项目商业竞争对手分析包括对城市综合体竞争项目和与项目开发有关的商业物业类型竞争项目的整体竞争格局以及竞争个案进行分析。

1. 区域商业项目整体竞争格局分析的方法

二线城市综合体项目的区域商业项目整体竞争格局分析的方法主要有以下两种。

（1）方法一

在分析区域商业竞争项目给本项目带来威胁的同时，对竞争所带来的挑战和机会也进行分析。下面是某二线城市综合体项目的区域商业项目整体竞争格局分析。

市中心和外围区域都有新的商业项目在规划开发并陆续投入市场，势必将引发新的商业竞争。

① 竞争的威胁。竞争的威胁主要表现在以下方面。

a. 目前商业面积较大的项目分布在××商圈××街，这些区域和城市其他区域还将有新的项目及旧项目改装陆续开发和投入市场。

b. ××区××湖周边目前已经形成高档购物、休闲、娱乐氛围。

c. 项目周边××广场二期已经开发，整体商业规模以及业态的定位组合还是以中高档为主。

d. 区域的商业地带或区域商业中心正在逐渐成形过程中。

② 竞争与机会并存。项目处于市级商圈××街商圈和区域商圈××区商圈的中间区域，竞争与机会并存，直接竞争压力来自××街商圈、××区商圈。

a. 挑战。对本项目有直接竞争压力的是××街商圈、××区商圈。作为市级商圈的××街商圈辐射整个××市，××区商圈离本项目最近，××区××湖周边通过业态组合品牌定位，目前也有较强的聚客能力。

项目周边的专业市场以及大型综合体××广场对本项目有一定的客群分流作用，但是同时也有一定的客群聚集作用。

b. 机会。通过合理的定位突破区域商业局限，新的商业模式的导入，加强聚客力，可以吸引外部消费者。

（2）方法二

从本项目所在区域商业竞争项目的产品定位、面积、价格、客源、销售和招商情况等角度进行分析和总结。在进行总结时，可以对本项目周边未来可能开发的竞争项目进行分析。下面是某二线城市综合体项目的区域商业项目整体竞争格局分析。

项目所在区域内目前的竞品共有3个，其中2个是大型专业市场，1个是社区型的配套商业。3个产品定位完全不同，在业态上不形成直接的竞争关系。

但是这3个项目的开发商均进行对外销售而不是自持，商铺在房地产市场的可投资性最强，购买商铺的客户对于投资回报率的考虑更多，所以这些项目在销售上存在直接竞争关系。

① 产品定位。项目所在地区周边最为热门的在售商铺均是大型的专业市场，此类专业市场的档次定位和形象定位不高。在宣传方面，开发商着重于强调区域的前景、严格的市场管理和成熟的招商机制，总体定位属于中档大型专业市场；在售的商铺也有中小型的综合性商业，多数定位为社区配套型商业，主要是为了满足社区及社区周边人口的基本生活需要而提供的生活配套设施。

② 产品的面积设定。××市在售的专业市场商铺面积在 $10\sim40m^2$ 不等，小面积的商

铺分割是专业市场商铺销售的常规做法，此类专业市场将商铺面积控制在 $10\sim40\,\mathrm{m^2}$ 是为了控制销售总价并且方便销售，吸引投资资本有限的投资客户，而投资资本雄厚的投资客可以买下多间商铺进行自由组合；在售的综合型商业面积在 $40\sim130\,\mathrm{m^2}$ 不等，均属于较为常规的商铺面积分布；沿街商铺多以一带二层捆绑形式销售，可以适应多种商业业态的经营和管理。

③ 产品的价格定位。××市的总体商铺价格偏低，同时价格分布较为宽泛。其总体均价低的主要原因与住宅相同，主要是没有足够的消费力来支撑商业市场。根据商铺所在位置和商业定位的不同，价格差异较大。专业市场的商铺每平方米均价在 12000 元左右，位置优秀的铺位价格更可以达到 30000 元以上，位置较偏的商铺则只需 7000 元左右；社区型商业的均价则在 10000 元左右。

④ 产品的购买客源

a. 按购买人群分类。××市专业商铺购买人群的类型如图 1-10 所示。

在××市购买专业商铺的主要以投资客为主，外来投资客和本地投资客各占 45%，很少有自营需求的客户，其中中老年的投资客居多。

b. 按购买动机分类。××市专业商铺购买动机的类型如图 1-11 所示。

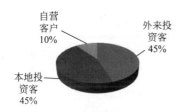

图 1-10　××市专业商铺购买人群的类型

图 1-11　××市专业商铺购买动机类型

专业市场商铺面积小，总价低，且开发商带回报销售，相对的投资风险较小；综合性商铺的销售一般不带回报，少部分位置较偏的产品才会带回报销售。其主要客群也是投资性客户，自营业主较少（图 1-11），投资客将商铺买下后通过出租给他人赚取租金的方式来获取回报。

⑤ 产品的销售和招商情况。××市近期的专业市场商铺销售开盘时间为 2011 年年底。从销售情况来看，位置理想的底层商铺或者沿街商铺销售佳，但是二楼、三楼位置较偏的商铺至今仍然未售出，有很多铺位可以选择；综合性商铺的销售量主要取决于其周边社区所能聚集的人气，成熟街区的商铺一铺难求。

从××市在售专业市场的招商情况来看，目前处于不明朗的阶段。在××市市区，部分早期类似的专业市场招商情况不佳，经营混乱，导致整体市场经营失败的案例并不罕见，其后期招商是否成功还是取决于经济环境的转变和开发商的综合管理能力。综合性商铺使用的是自行招租的形式，对于商业的业态选择自由度更高，经营是否成功主要取决于是否能够迎合周边消费人群的需求。

⑥ 产品的招商定位和统一经营管理。在售专业市场采用统一经营管理方式经营，其招商对象主要是一些中小品牌商家或是个体经营户，在全国乃至当地市场上的知名度有限。虽然这些品牌档次不高，但是这些商家的产品价格更能为当地市场的消费群体所接受，而且这些中小品牌商家的数量足够多，能够支持其庞大的专业市场。综合型商铺没有统一的经营管理，其商业档次同样不高，主要为满足辐射圈内消费者的基本生活需求。

⑦ 项目体量。××食品城和××商贸城是大型专业市场，其项目体量均超过 20 万平方米，××国际是综合型社区商业，其项目商业部分体量不超过 3 万平方米，均是较为常规的

商业做法。

⑧ 建筑风格。××食品城和××商贸城采用专业市场常规的集中形态建设，外墙均使用玻璃幕墙，显得比较现代化。××国际则采用开放式的商业形态，建筑风格更贴近住宅，能融入居住社区。

⑨ 建设现状。××商贸城和××国际已经建设完毕，进入销售中期阶段，××食品城主体建筑尚未封顶，处于销售初期阶段。预计当本项目进入销售期，这3个项目均已进入尾盘销售阶段。

小结：从调研总结来看，项目所在区域在建的基本以专业市场为主，而中高端的商业项目未来主要集中在××路和××路交叉路口。本案周边与行政、学区等相邻，目前在本案的南侧还有一块商业用地，据说还未招拍挂，情况不明，未来将成为本案的竞争对手，本案在拿地后需要密切关注。

2. 区域商业竞争个案分析的方法

二线城市综合体项目区域商业竞争个案分析的方法主要有以下两种。

（1）方法一

通过对比分析各城市综合体竞争个案之间在物业类型、招商情况、销售情况等方面的区别，制订本项目的差异化竞争策略。下面是某二线城市综合体项目的区域商业竞争个案分析。

① 竞争项目的基本概况

a. ××万达广场。中国城市中心缔造者，××CBD商圈核心龙头，商业业态覆盖全面，已于2011年8月全面开业。

建筑面积：40万平方米。

物业类型：大型购物中心、五星级酒店、室内外步行街、高档住宅和酒店式公寓。

参考价格：36000元/m^2。

经营现状：万达广场整体投入运营之后，零售百货类的运营情况较差，相比而言，餐饮、娱乐业态的经营状况较好。

b. ××广场。以住宅为核心的城市综合体，商业业态与万达类似，沃尔玛超市、威歌KTV、豪客来等已陆续开业。

建筑面积：20万平方米。

物业类型：住宅、商铺。

参考价格：25000～26000元/m^2。

经营现状：虽然在商业业态上，该项目有着成熟综合体模式，但是业态相对比较落后，不能聚客，整体商业运营一般。

c. ××中心。以住宅为核心的城市综合体，商业产品形态以步行街商铺为主，商业业态以餐饮、服饰、休闲、配套为主。

建筑面积：13万平方米。

物业类型：商业、高层、公寓式酒店。

参考价格：商铺一层35000元/m^2，二层20000元/m^2。

② 各指标对比。各竞争项目的物业类型、招商情况与销售情况对比分别见表1-39～表1-41。

表1-39　物业类型对比

项目 物业类型	本案	××万达广场	××中心	××广场
商业	有	120～340m^2	20～400m^2	50～60m^2

物业类型 \ 项目	本案	××万达广场	××中心	××广场
住宅	无	有	有	有
酒店式公寓	有	有	有（精装）	无
星级酒店	无	引进喜来登酒店	无	引进开元酒店
办公	有	无	有	无

表 1-40　招商情况对比

进驻商家 \ 项目	××万达广场	××中心	××广场
超市	万宁	屈臣氏、罗森	沃尔玛、屈臣氏
酒店	喜来登	—	开元酒店
百货	万千百货、ZARA 旗舰店、莎莎	—	忆欧新特莱斯（古驰、阿玛尼、劳迪、普拉达等众多一线品牌）
休闲娱乐	万达影城、大歌星 KTV、大玩家超乐场	—	金逸影院、威歌 KTV、乐之翼儿童乐园、神话游乐园（电玩）
美食	满记甜品、德庄火锅、星巴克、DQ 冰淇淋等系列餐饮	辛香汇、永和大王、豆捞坊、巴贝拉	香港品尚豆捞、小肥羊、豪客来
其他	步行街	—	金宝贝早教中心、中国目前最大的保健及美容产品零售连锁店

表 1-41　销售情况对比

商铺情况	本案	××万达广场	××中心	××广场
价格走势、优惠措施	未定	2010.7.13 80～400m²，均价 40000 元/m²；一次性付款 98 折，按揭 99 折	2011.9.2 均价 30000～80000 元/m²；一次性付款 97 折	2011.5.30 商铺 40～60m²，均价 25000 元/m²；优惠一次性付款 97 折，按揭 99 折
		2010.9.8 80～500m²，均价 35000 元/m²；一次性付款 98 折，按揭 99 折	2011.11.9 商铺 20～300m²，均价 35000～40000（1F）、18000～20000（2F）；一次性付款 98 折，按揭 99 折	2011.9.2 商铺 50m²、60m²，均价 30000 元/m²；本月无优惠
		2011.3.29 120m²、400m²，价格 36000 元/m²	2012.4.10 商铺 20～400m²，均价 35000 元/m²（1F），20000 元/m²（2F）；一次性付款减 50 元/m²，按揭减 400 元/m²	2012.2.24 商铺 50m²、60m²，均价 25000 元/m²；优惠 58000 元
		2011.5.30 100～140m²，价格 36000～39000 元/m²；一次性付款 98 折，按揭 99 折的优惠	—	2012.3.29 商铺 50～200m²，均价 20000 元/m²

商铺情况	本案	××万达广场	××中心	××广场
返租情况	未定	—	全部为沿街商铺统一经营，统一管理	整体招商,5 年统一经营,售价 7% 年租金代租

③ 竞争策略

a. 差异化竞争。本项目要借力共赢，业态差异化补充，产品面积缩小，增加客群量。本项目的客群有一定差异，低总价、易投资是杀手锏。

b. 产品差异互补。产品尺度迎合购买者，商业业态适应消费者。

（a）内铺规划"蚂蚁铺"吸引投资客；

（b）商铺返租或带租约销售，加大投资收益保障；

（c）MOHO 创新商住产品，增加客户信心。

（2）方法二

通过列举各主要竞争个案的基本概况、项目定位、区位交通环境、销售情况等，分别分析各竞争个案对本项目的竞争威胁和本项目可能存在的发展机会。下面是某二线城市综合体项目的区域商业竞争个案分析。

本项目的区域商业竞争个案主要有××商贸城、××国际新城等，其项目概况分别见表 1-42 和表 1-43。

表 1-42　××商贸城项目概况

案名	××商贸城	物业类别	商业用房
开发商	××投资发展有限公司	交房日期	2015 年年底
占地总面积	123000m²	规划用途	服装专业市场
建筑总面积	360000m²	建筑楼层	4 层
商铺面积范围	17～18m²	总铺位	总计:6000 个
主力面积范围	17～18m²	租售率	—
销售单价范围	9000～33000 元/m²	销售均价	12000 元/m²（包租价格）（2009 年开盘期价格）
租赁价格	1 元/(m²·月)	物业管理费	—
综合分析	（1）项目定位分析 ××市商贸新中心,采用一站式采购中心经营理念,即商场化市场,市场化商场,具体表现如下 ①薄利多销,以量取胜,终端客户聚人气,批发走销量,上下兼顾,实现多赢 ②划行归市,分类集聚,大力发展总代理总经销制 ③招商是引客,管理是待客,服务是留客,诚信是召客 ④市场是我家,繁荣靠大家;你赚钱,我发展,你做大,我做强 （2）区位环境分析 ××区唯一的××省现代商贸服务业集聚区——××新城中央 CBD 核心区 （3）交通环境分析 ①项目周边配套汽车南站。汽车南站为××市最重要的交通枢纽,直通 78 个城市和地区,已投入运营线路 600 多条,年客流量 1000 多万。不久将达到 1000 多条线路的运营能力 ②12 条公交线路直达。1 路、9 路、17 路、20 路、21 路、24 路、27 路、35 路、46 路、48 路、56 路、机场专线连接千家万户,畅通无阻 ③便捷内外交通。紧靠京沪、宁淮、宁连、盐徐、宁宿徐等五条高速公路;××南路、××路等城市主干道 （4）销售政策分析

综合分析	①一次性付款优惠 1 万元 ②5 年包租,最短 3 年起租,前三年年回报率 7%,后 2 年按实际出租金额支付 ③自行出租或自营范围需根据合同内容进行审批 ④作为大型的服饰专业市场,包租经营有利于整体市场的发展和管理,也为市场塑造良好的形象打下基础 (5)装修标准 建筑上以先进的设计理念,采用现代时尚的商场化设计,钢结构玻璃幕墙,主入口大厅五层挑高,立体交互式连廊,引进地源热泵系统等高科技环保型产品进行配套,形成全框架现代商贸空间,是××区域的商贸标杆 (6)销售及租赁进驻情况分析 目前,项目一楼仅剩少量位置较偏铺位可以选择,2、3、4 层销售率预估不超过 40%。销售客源以投资客为主,目前已经有近 100 家服装类经营意向商户签约入驻,也有银行和便利店等配套商家已经进驻 (7)距离本案:4.1km

表 1-43 ××国际新城项目概况

案名	××食品城	物业类别	商业用房
开发商	××集团	交房日期	2012 年年底
占地总面积	1200000m²	规划用途	食品专业市场
建筑总面积	2000000m²	建筑楼层	3 层
商铺面积范围	20~30m²	总铺位	总计:5000 个左右
主力面积范围	20~30m²	租售率	—
销售单价范围	8000~25000 元/m²	销售均价	12000 元/m²(包租价格) (2006 年开盘期价格)
租赁价格	1 元/(m²·月)	物业管理费	
综合分析	(1)项目定位分析 200 万平方米恢弘巨制,80 亿元巨资打造国际 HOPSCA 集约型新城市综合体,位居××新城核心地段,以"国际化 HOPSCA 集约型新城市综合体"的先进理念,融合"五星级酒店、甲 A 级写字楼、城市公园、现代食品城、现代家居博览园、新都市商业中心、CBD 中央商务区、酒店式公寓、住宅集群"等多个功能板块,离汽车南站仅 500m,以 12 万平方米的超大商业空间,汇集多重食品业态,是××省重点建设项目、××市重大工程项目,也是××市政府新城开发政策重点扶持项目 (2)区位环境分析 ××地区唯一的××省现代商贸服务业集聚区——××新城中央 CBD 核心区 (3)交通环境分析 ①项目周边配套汽车南站。××市最重要的交通枢纽,直通 78 个城市和地区,已投入运营线路 600 多条,年客流量 1000 多万。不久将达到 1000 多条线路的运营能力 ②12 条公交线路直达。1 路、9 路、17 路、20 路、21 路、24 路、27 路、35 路、46 路、48 路、56 路、机场专线连接千家万户,畅通无阻 ③便捷内外交通。紧靠京沪、宁淮、宁连、盐徐、宁宿徐五条高速公路;淮海南路、枚皋路、北京南路等城市主干道 (4)销售政策分析 ①一次性付款 97 折,三楼儿童食品区特价铺位 ②最长 8 年包租,最短 3 年包租,年回报率 8%,前 3 年租金抵扣房款 ③自行出租或自营范围需根据合同内容进行审批,自营需协商换铺 ④作为大型的食品专业市场,现代食品城的经营管理更为严格,长时间的包租对于投资客有非常大的吸引力。自营业主很少,其客户主要为周边城市的投资客,其中中老年客户居多 (5)销售及租赁进驻情况分析 项目建设处于起步阶段,主体建筑还未建设,但项目一层商铺销售率超过 98%,二层、三层商铺销售率在 45% 左右。项目招商在进行之中 (6)距离本案:3.8km

第八节

二线城市综合体项目如何进行 SWOT 分析

二线城市综合体项目 SWOT 分析是指在项目宏观环境分析、房地产市场分析、自身情况分析、竞争对手分析以及目标客户群分析的基础上进行的自身优势、劣势以及所面临的机会、威胁的分析。

一、二线城市综合体项目 SWOT 分析的形式

二线城市综合体项目 SWOT 分析的形式主要有以下两种。

1. 形式一

采用表格的形式对项目的优势、劣势、机会、威胁以及各组合策略进行分析，比较直观。下面是某二线城市综合体项目的 SWOT 分析。

本项目的优势、劣势及所面临的机会、风险见表 1-44。

表 1-44　本项目 SWOT 分析

	优势（S）	劣势（W）
	义堂中心区核心商业地块 交通好、人气旺 产业有力支撑 周边云集五大富裕社区 无限购障碍	地处城乡结合部 客群消费水平较低 市场容量较小 商服用地性质 40 年产权
机会（O）	发挥优势、抢占机会（SO）	利用机会、克服劣势（WO）
城市高速发展时期 城市重点发展西部 区域内首个商业项目 休闲配套缺乏 投资产品兴起	抓住时机，快速销售 借助需求，迎合消费 瞄准空白，领跑市场 整合周边资源	完善配套，提高形象 抢先占位，因势利导 立足片区，挖掘客户价值 强调收益，弱化年限
威胁（T）	发挥优势、转化威胁（ST）	减小劣势、避免威胁（WT）
中心城区商业体量过大 西部两大板块快速发展 国道阻碍北部客群 地块内拆迁量大	依托产品、营销、品牌抓住客户消费心理 强化优势，挖掘外部客户 改善公共配套 整合当地资源，加快协调拆迁	提高性价比 降低置业门槛

2. 形式二

按照项目所存在的问题，项目优势、劣势、机会及威胁分析，制定项目总体应对策略的步骤进行详细的分析。下面是某二线城市综合体项目的 SWOT 分析。

（1）项目问题

① 区域整体商业氛围及环境差。

② 城市居民消费及购买力不强。

——市场分析、定位规划、营销推广、经营管理全程策划要诀与工作指南

③ 项目入市时间晚，不占先机。

④ 曾经是烂尾楼，形象不佳。

（2）SWOT分析

① 优势

a. 地处交通主干道，交通便利；

b. 两面临街，对外展示效果佳；

c. 新兴高档住宅及大型社区增加；

d. 体量大，商业业态组合优势；

e. 壳牌项目经济拉动效应。

② 劣势

a. 周边商业氛围较差；

b. 居民消费水平低下；

c. 曾经是烂尾楼，市场形象不佳；

d. 不占有商业先机。

③ 机会

a. 壳牌项目拉动，城市经济迅速发展；

b. 市场现有商业形态落后，品牌力度不够；

c. 房地产市场破冰回暖，潜在消费力强；

d. 旅游业发达，带来外来消费动力。

④ 威胁

a. ××区市场消费能力有限；

b. 壳牌项目所带动的效应近几年未能完全显现；

c. ××区地产曾经的负面影响；

d. 同类型竞争商业项目及现有商圈的直接威胁。

（3）应对策略

① 引领市场，创建新商圈。

② 高端入市，拉升形象，提高预期。

③ 以品牌化、主题性商业参与市场竞争。

④ 多业态组合，满足一站式购物需求。

⑤ 多种销售模式结合，降低投资风险。

⑥ 组建精英团队，实现专业经营。

二、二线城市综合体项目SWOT分析的要诀

二线城市综合体项目SWOT分析的具体内容包括项目优势分析、劣势分析、机会分析以及威胁分析，下面分别对其分析的要诀进行说明。

1. 项目优势分析的要诀

二线城市综合体项目优势分析的要诀主要有以下三个。

（1）要诀一

从项目的规划优势、交通优势、资源优势、产品优势、地块优势、规模优势、公司品牌优势等多角度进行全面的分析。下面是某二线城市综合体项目的优势分析。

① 位于城市大力打造的××新城内，整体规划前景优越。

② 主干道、高铁等，交通便利，通达性强。

③ ××景区自然景观资源丰富，生态优越。

④ 主打精装修中小户型，市场差异化明显。

⑤ 地块地势具备打造立体景观的条件。

⑥ 超百万平方米的城市综合体。

⑦ ××集团品牌价值。

（2）要诀二

在进行优势分析时，充分挖掘项目有别于其他同类项目所特有的差异化优势。下面是某二线城市综合体项目的特有优势分析。

××区最新颖、最具特色的餐饮旗舰群，以"时尚、欢聚、尊崇"为餐饮选择理念，形成××区美食新地标。

① 汇聚宴会型餐饮、商务餐饮、特色餐饮、休闲餐饮等多种餐饮类型。

② 集合川、鲁、粤等众多菜系，中、日、韩等美食精选。

（3）要诀三

重点分析二线城市综合体项目所特有的在产品组合方面的优势，如根据市场需要可以进行灵活的业态组合，不同物业类型之间可以相互促进等。下面是某二线城市综合体项目的产品优势分析。

① 商住综合体建筑及业态组合灵活，容易根据实时的市场变化而改变。

② 项目公寓为商业提供最为直接的人口支撑，项目自身商业为公寓客户提供最为直接的生活配套。

2. 项目劣势分析的要诀

二线城市综合体项目劣势分析的要诀主要有以下两个。

（1）要诀一

从项目的地段、交通、配套、环境景观、地块条件、公司自身情况等全方面考虑和分析项目所存在的不足之处。下面是某二线城市综合体项目的劣势分析。

① 地块规划：项目北高南低，西南部分地块严重积水。

② 开发成本：工厂搬迁、拆迁、土地平整，开工建设成本都不容小视。

③ 地段较偏：周边景观较差、道路环境影响较大、位置相对较偏，开发商业先天条件有限。

④ 周边铁路等噪声：周边铁路、货船的噪声影响较大。

（2）要诀二

充分考虑到项目各种劣势的同时，需要分析其对项目所产生的不利影响。下面是某二线城市综合体项目的劣势分析。

① 区域目前人气和消费力不足，项目招商有难度。

② 距离阳光湖较远，景观优势弱。

③ 大规模项目开发周期长，对于开发商资金运作要求高。

④ 区域目前规模性商业氛围欠佳，区域人气和消费力有限，打造城市副中心形象需要相当长一段时间的引导。

3. 项目机会分析的要诀

二线城市综合体项目机会分析的要诀主要有以下两个。

（1）要诀一

从政府政策支持、市场需求、同类型项目稀缺等多方面的机会进行综合分析。下面是某二线城市综合体项目的机会分析。

① ××镇经济发展，重点规划商业中心。

② 政府招商引资，增加投资者进入。

③ 区域消费者对文化休闲商业的渴望。

④ 区域缺少成功运作的融住宅、商业、文化、旅游于一体的综合型商业体。

⑤ 商业发展落后于区域规划发展，商业体系需升级。

（2）要诀二

充分挖掘政府规划及交通改善给城市房地产业发展带来的有利机会并进行重点分析。下面是某二线城市综合体项目的机会分析。

① 政府规划。××将被规划成为××市东北部重要的中心城镇，珠三角水铁联运中心之一，以高新技术产业为支柱、第三产业发达、环境优美的现代化滨江城镇。

根据组团功能结构，××区建设用地面积 3.1km²，规划人口 3.28 万人，分为综合功能区和高新产业园区，其特色是以高新技术园区和批发为主的大商业区为依托。

② 交通改进。××市轻轨的规划建设。

③ 商圈带动。××大商圈呼之欲出，××区专业市场的进一步成熟，产业辐射能力增强，市场的需求和周边消费群体的进入。

4. 项目威胁分析的要诀

二线城市综合体项目威胁分析的要诀主要有以下两个。

（1）要诀一

从市场竞争威胁、政策威胁、市场需求降低威胁等多个角度进行全面的考虑分析。下面是某二线城市综合体项目的威胁分析。

① 周边地块众多，未来竞争加剧；

② ××市楼市长期处于供大于求的状况，整体购买力有待提升；

③ 调控短期内仍处于高压态势，对于投资客打压明显，市场存在不确定性。

（2）要诀二

在进行政策威胁分析时，可以将新出台的对项目开发造成不利影响的政策内容逐条进行说明。下面是某二线城市综合体项目的政策威胁分析。

国家关于房地产的新政对本项目的影响如下。

① 90m² 以下住房需占开发项目总面积七成以上。

② 土地闲置 2 年将被收回使用权。对开发建设面积不足三分之一或已投资额不足四分之一，且未经批准中止开发建设连续满 1 年的，按闲置土地处置。

③ 购房不足 5 年转让需交营业税。

第二章 | 二线城市综合体项目如何进行定位

二线城市综合体项目的定位有别于其他房地产项目，其除了对项目进行整体定位之外，还需要对住宅、商业、写字楼、公寓、酒店等不同物业类型分别进行目标客户群定位、产品定位、价格定位、主题定位等。在进行项目的各项定位之前，首先需要进行发展价值分析以及总体开发战略制定。本章将分别对项目发展价值分析、总体开发战略制订以及各项定位的要诀进行详细的说明。

第一节
二线城市综合体项目如何进行发展价值分析

二线城市综合体项目发展价值分析是指在项目市场调查分析之后，为了项目更准确的定位而对其发展价值进行的挖掘与梳理。

一、二线城市综合体项目发展价值分析的基本内容

二线城市综合体项目发展价值分析的基本内容包括功能价值分析、区域价值分析、品牌价值分析以及经济价值分析等。

1. 项目功能价值分析

二线城市综合体项目功能价值分析是项目发展价值分析的重点。城市综合体项目所具备的功能价值是其他房地产项目无法相比的，其一般具备了商业、居住、商务等多种功能，在分析时，应对不同功能的价值分别进行分析。下面是某二线城市综合体项目的功能价值分析。

××片区要打造成为"××城市综合价值中心"，必须体现城市价值的商业、商务、居住、休闲四大功能最大化展现，实现中心化发展；商业、商务、居住、休闲四大功能之间实现价值联动及价值叠加，使项目形成复合的城市价值载体及城市功能中心。

（1）"××城市综合价值中心"应有的功能分析

① 市场需求结论：可开发物业功能

a. 居住：高端居住市场仍强调地段与资源，处于创新、摸索阶段，有较大引导及突破空间。

b. 商业：商业发展水平不高，同质化现象严重，城市消费力强但高层次客户需求被

忽略。

c. 商务：优二进三，强势产业升级激发城市商务市场潜力及带来激烈后续竞争。

d. 休闲：城市中心区最高价值的稀缺江景及水岸资源、××公园等人文景观资源的改造利用空间。

② 机会

a. 居住：具有打造代表和提升城市形象的高品质居住区以及地标性建筑的必要与空间，通过先进的产品打造力及完善的服务配套体系引领多元化的城市理想生活模式。

b. 商业：以升级的发展理念及功能组合打造标杆性的、多元化的城市集中商业体，满足不同层次客户消费需求以实现人流最大化集聚，成为真正的城市商业中心。

c. 商务：高端写字楼、顶级品牌酒店、服务式公寓等功能物业支撑，围绕展贸商务打造国际化交流平台，实现强势产业升级孵化。

d. 休闲：引导和提升××河滨水价值，延续和发扬××公园等人文价值，打造特色的城市人文广场、休闲公园、滨水景观长廊等休闲空间，并围绕其打造主题休闲功能物业。

(2) 构建区域功能价值定位体系，打造"××城市综合价值中心"

① 商业中心

a. 高品质商业配套；

b. 提升生活配套档次；

c. 提升商务配套档次。

② 居住中心

a. 高品质居住配套；

b. 高消费力人群。

③ 休闲中心

a. 高品位休闲配套；

b. 提升生活配套档次；

c. 提升商务配套档次。

④ 商务中心

a. 高品质商务配套；

b. 高消费力人群；

c. 高端居住需求。

2. 项目区域价值分析

二线城市综合体项目区域价值分析是指从区域的景观资源价值、交通价值、人文价值等角度挖掘该区域发展城市综合体项目的价值所在。下面是昆明市某综合体项目的区域价值分析。

关键词1：昆明历史人文景观带。

结合翠湖—篆塘码头—大观河—大观楼—金马碧鸡历史人文景观资源，依托"大观渔火"文化公园打造"符号空间"。

关键词2：东南亚文化展示门户。

项目所在区域作为省级中央行政区域，具备对外展示、旅游、经济会晤、政务往来等功能，已成为国际性形象中心。

关键词3：传统文化休闲消费区。

项目所在区域具有很强的文化休闲消费的积淀，既有图书批发零售、音像制品销售、创库的文化积淀，又拥有大观河和西坝河形成休闲景观带。

关键词4：城市核心商业区的补充。

以小西门、三市街、南屏街为核心的城市传统集中商业核心区，距离项目所在地非常近，以昆都为核心的城市核心娱乐区通过新闻路咫尺相连。

关键词5：未来放射型消费传统商业中心中一员。

本项目很快将融入一环的传统商业核心区，与小西门、三市街、南屏街、昆都、翠湖共同构建一环核心商圈。

中天文化产业，以文化产业定为主题商圈和核心商圈的互补联动，作为国家级文化产业基地承载政府高规格、高期望值的重点支持项目，集合旅游、酒店、房地产、文化等产业的优势体验商业经济，携同世界一流品牌商家，打造具有区域乃至泛区域影响力的商业综合体，势必形成昆明、云南乃至西南区域以文化为主题的商业新中心。

3. 项目品牌价值分析

二线城市综合体项目品牌价值分析可以从开发商所取得的荣誉以及所开发项目的价值来突出本项目的品牌价值。下面是昆明市某综合体项目的品牌价值分析。

××开发公司是昆明价值的引领者与领航者，取得中国房地产品牌百强、中国物业管理百强、西南最有价值房地产企业等荣誉称号。

××开发公司13年来塑造了20多个精品，612万平方米品质社区。

二、二线城市综合体项目发展价值分析的方法

在进行二线城市综合体项目发展价值分析时，可以采用的方法主要有以下三种。

1. 方法一

按城市综合体项目所具备的商业、住宅、商务等功能分类，并分别对其价值体系进行分析。下面是某二线城市综合体项目的发展价值分析。

（1）关于商业部分的价值打造

① 一站式。构筑一个集购物、餐饮、娱乐、休闲为一体的多功能一站式的商业中心，满足客群最多元化的体验型消费。

② 街区型。项目商业特点以街区形态作为整体布局，是一个具有街区型态的超大规模购物中心（Shopping Mall）。

③ 开放式。游玩、文化、美食、购物、服务、漫步，为消费者提供一个以随意、休闲为主题的休憩空间，以及一个完全放松的消费场所。

（2）关于住宅部分的价值打造

① 产品价值——城市高端豪宅。建造承载住宅功能的高端城市景观豪宅，价值体现在：

a. 一环地段价值；

b. 城市繁华价值；

c. 市场投资价值；

d. 现代居住价值。

② 功能价值——第一居所。建造城市高端圈层行政级居所，承载以下功能：

a. 高端居住功能；

b. 私人社交功能；

c. 高级关系场所；

d. 鉴藏投资功能。

（3）关于商务部分的价值打造

写字楼附加价值打造——酒店式服务引入写字楼。

引进酒店管理公司的标准及管理经验，以五星酒店服务为标准打造5A级写字楼。产品

唯一性价值打造，形成酒店式写字建筑，具有强烈的市场区隔性，更加彰显高端身份价值，真正为中大企业、公司提供一种量身定制的商务价值。

2. 方法二

根据项目周边市场环境以及结合项目自身条件，梳理项目的价值体系，明确项目的发展方向。下面是某二线城市综合体项目的发展价值分析。

（1）目前周边环境

① 本项目地处火车站周边，属于××新商圈，人流量大。

② 随着近几年××市的不断发展，特别是万达进入该区域以后，商圈逐渐被认可，成为××市最具发展潜力的商圈。

③ 随着区域发展的不断完善，购物、餐饮、娱乐等业态一应俱全，且业态竞争比较激烈。

小结：区域发展很好，且被认可，但内部业态竞争过于激烈。

（2）项目自身条件

① 项目总体量4万多平方米，物业类型涵盖了办公、公寓和商业，体量较小。

② 随着周边的不断开发，未来可用于商业开发的用地几乎没有。

③ 地处火车站周边，交通流量较大，道路较为拥堵。

④ 开发商号召力不如××、××等同区域竞争对手。

小结：项目体量不大，开发商号召力一般，难以形成规模效应。

所以，结合项目周边情况以及自身条件来看，项目的突围点不在于项目的大而全，而在于项目的小而精，换句话讲也就是要有主题性，通过引入相关产业业界具有较强号召力的商家来带动项目的整体招商，从而盘活商业的销售，最终盘活整个项目。

（3）项目价值体系梳理

图2-1是本项目的价值体系示意。

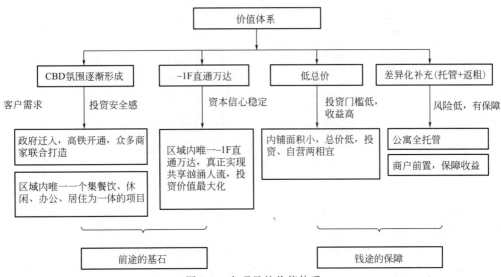

图2-1　本项目的价值体系

3. 方法三

按照城市综合体项目发展价值分析的内容要点，分别挖掘项目的城市价值、交通价值、景观价值以及功能价值等。下面是某二线城市综合体项目的发展价值分析。

（1）城市价值

处在新旧城市中心区的联结位置，承旧纳新，随着旧城价值延伸和新城价值提升，××片区城市价值不断升级。

① 承旧：××片区属于××老城的重要组成部分，北面××路沿线城市价值已形成，××片区可有效延续城市发展价值。

② 纳新：××片区同样属于××新城核心区的重要组成部分，在政府大力推动核心区建设之下，××新城价值不断提升，××片区亦在其中承载新的城市价值。

（2）交通价值

辐射广佛，唯一实现独享的地铁站点更能实现区域统筹发展，成为区域价值重组及提升的有力支撑。

① ××一环、××路、××地铁实现内外交通快速连接，完全融入城市及广佛大交通体系。

② 与城市地铁相连的××地铁线贯彻地块并设有站点，成为××新城唯一独享地铁站点的区域。

③ 地铁对沿线影响体现为：区域价值重组、交通的高效率和运输能力、人群的集中能力，如图2-2所示。

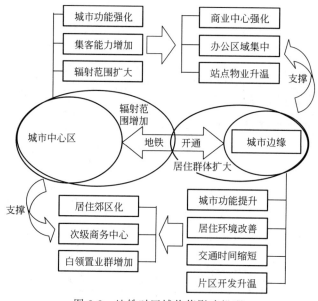

图2-2　地铁对区域价值影响机理

（3）景观价值

既有不可多得的南向江景，又有可供利用的滨水空间，××片区在××市中心区拥有最稀缺、最高价值的资源。

① ××片区位于××河北岸，向南具有广阔的景观视野。

② 随着《××市××河—河两岸景观规划指引》的深入，××河两岸将拥有其他区域难以比拟的自然景观和市政配套资源，将成为××市城市化发展的新亮点。

③ 长久以来，××市并没有真正的滨江空间，××河也是城市中心唯一的河流，可以预见，未来××河的滨江景观将成为城市中心区最为稀缺及最具价值的元素。

（4）功能价值

超大规模的综合功能实现统筹发展，为将××片区打造成为城市级特定功能中心奠定基础。

　①　××片区规划调整，从一个相对纯粹的居住片区变成一个利用地铁带动商业商务发展的综合片区。

　②　超过50万平方米的商业物业规模，足以让××片区发展成为商业商务功能集聚的城市级功能中心，而超过220万平方米的住宅物业规模，有利于整体居住氛围的营造。

　③　××片区综合功能统筹发展，实现不同功能物业之间价值叠加及相互提升，一个大型城市综合体已初具雏形，如图2-3所示。

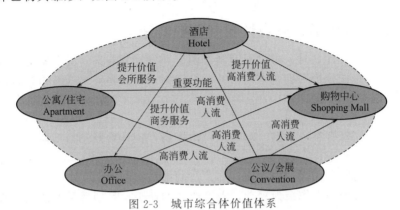

图2-3　城市综合体价值体系

第二节

二线城市综合体项目如何制订总体开发战略

二线城市综合体项目总体开发战略制订的内容主要包括开发目标制订以及开发计划的制订。

一、二线城市综合体项目开发目标制订的要诀

二线城市综合体项目开发目标的制订包括项目总体目标以及各阶段目标的制订。下面将分别对其制订的要诀进行说明。

1. 项目总体目标制订的要诀

在制订项目总体目标时，主要是从整体层面上对项目开发所要达到的目标进行阐述，一般可以从项目资金、品牌形象等角度进行考虑。下面是某二线城市综合体项目的总体目标制订。

通过写字楼、商务SOHO、商业部分专业市场化运作，实现项目快速回笼资金以确保项目在有序正常运行基础上实现合理利润最大化，最终实现酒店完全自主产权和保留酒店所需充分运营资金。开发公司希望通过本项目运作实现如下目标：

　①　积累酒店、写字楼商业项目开发运营实战经验，在市场方面通过本项目品牌带动公司品牌在市场中影响力，为公司后期发展打好铺垫；

　②　完全拥有准四星级标准酒店产权及相对充裕的装修、运营资金，为公司积累一定固定优良资产，以获取长期收益。

2. 项目各阶段目标制订的要诀

在制订项目各阶段的目标时，需要根据项目的总体目标，分别对各分期所要实现的阶段目标进行阐述。下面是某二线城市综合体项目各阶段目标的制订。

一期（启动点）：启动项目，形成市场亮点及高端物业形象，为后续开发做好前期铺垫工作。

二期（核心点）：继续拉高形象，令"首席商务综合体"概念获得广泛认可。

三期（利润点）：顺势而上，使利润最大化得到实现。

二、二线城市综合体项目开发计划制订的要诀

在制订项目的开发计划时，可以同时制订两个开发计划方案，并分别对各阶段的开发要点进行说明，通过对比分析后确定本项目的开发计划。下面是某二线城市综合体项目开发计划的制订。

（1）开发方向一

第一期：地标式酒店服务公寓。建立项目市场高度，开始以小户型避开新政影响，掀起市场对房地产的投资欲望。

第二期：江景高层大社区。确立项目和企业的市场影响力。

第三期：专业市场。操作最为复杂，需要成熟的经验，是项目利润的主要来源。

（2）开发方向二

第一期：地标式酒店服务公寓。

第二期：专业市场。基于快速回笼资金考虑。

第三期：江景高层大社区。条件：需要拿下南部临莞龙路的三角地块（占地面积约 2 万平方米）。

第三节

二线城市综合体项目如何进行整体定位

二线城市综合体项目整体定位是指从整体层面上确定将项目开发成什么样类型的项目，如"××市中心 50 万平方米城市综合体"、"××首创 4C 产业综合体"、"××广场——城市商务新坐标"等。

一、二线城市综合体项目定位的导向与原则

在进行整体定位之前，首先需要明确项目定位的导向与原则。

1. 项目定位导向

二线城市综合体项目定位导向是指指导项目准确定位的方向，如客户导向、创新导向、差异化导向等。在进行项目的各项定位之前，制订项目定位导向，有利于对项目进行更加准确的定位。下面是某二线城市综合体项目的定位导向。

（1）尊重环境导向

××现代新城项目开发应充分尊重××市当地及周边自然环境与历史人文环境，坚持环境资源的利用与再利用的原则，合理地利用地块内部及外部环境资源，与××市的历史文

化、水资源与现代商业开发相互结合。

（2）全面客户导向

从战略的高度对将来商业各方面客户进行思考，建立客户价值战略。研究项目客户的需求与潜在需求，为客户创造和发现价值，是项目规划与设计的重要前提。

（3）利润最大化导向

土地性质决定了项目开发属性，对本案而言，项目的开发、定位、规划等应建立在商业项目开发原则上，结合市场因数，在此基础上选取适合本案地块开发的建设方案，争取经济利益的最大化。

（4）未来性导向

项目规模巨大，开发周期较长，开发设计必须具有充分的前瞻性，以确保项目在未来发展过程中保持其强劲的竞争力，同时，使项目具备长期的增值潜力。

（5）创新导向

创新是现代房地产开发的灵魂，它不仅表现在产品规划、建筑设计、景观设计等方面，同时也表现在项目运作、营销、广告等方面。

对现有和未知领域的挖掘和创造，使项目的系统和局部都具备崭新的创新因素，是项目整体开发的核心竞争力之一。

（6）地产价值剩余导向

作为一个长线开发项目，为项目自身连续子项目开发预留足够的价值及延伸空间，同时在项目开发过程中为客户提供超出其预期的产品和服务，使客户获得价值剩余，这些都是大型长线项目开发中核心竞争力之一。

（7）核心策略全息化导向

通过详细的项目运作战略制订，将核心策略全面体现在项目整体和子项目的规划、设计、服务、价格、品牌、营销、网络、团队当中，是综合竞争优势的源泉。

（8）地产隐性卖点导向

隐性卖点与显性卖点同样重要，在不被发现的地方，蕴藏着对未来市场的预测，这是"卓越的开发商"更能够真正打动目标客户的秘诀之一。

（9）互动设计导向

建立互动设计战略：市场专家、建筑设计公司、景观设计公司与开发商、咨询公司、销售公司、广告公司、物业管理公司、酒店经营公司、案外专家、潜在顾客代表共同参与项目的规划与设计，遵循市场和客户是最安全的、最简易的创新之道。

（10）差异化导向

在项目前期规划设计时，就应充分考虑项目的差异化竞争，这是整个项目和各子项目均可充分地挖掘与创造优于竞争对手的差异化卖点。

2. 项目定位原则

在制订二线城市综合体项目的定位原则时，可以从项目的资本运营、规划、招商、营销、管理等角度进行考虑并制订项目的定位原则。下面是某二线城市综合体项目的定位原则。

（1）低成本战略资本运营

由于项目开发时间长，涉及开发事项、物业类型等较多，整体开发应尽量实行低成本的战略资本运营，尽量提早实现项目资金的自我循环，避免过多的资金压力。

（2）业态规划先行

现代商业发展已经不同于早期自我形成式的商业模式，考虑到巨大的商业开发规模，在前期应将大中型商业专业业态考虑周全，业态规划先行，使项目有条不紊地按照现代商业业态的布局来进行规划、开发、经营管理，保证整个商业区的合理有效运作。

（3）运营决策战略周期

从整个项目开发周期、商业规模来判断项目运营决策战略周期，不仅考虑项目在前期规划、子项目开发运作销售等环节的时间，更要考虑整个商业中心在后期经营中培育、上升、成熟的周期，以使项目最终形成一个成熟的城市现代区域市场集群中心。

（4）专业业态集群的形态

通过目前对于项目将来商业业态的复合度和关联性、以及人流共享的初步考虑，项目将最终形成以多个大中型专业商业设施为龙头，结合休闲商业配套、沿街店面等为一体的具有商业创新的市场集群形态，形成一个具有强大辐射能力的聚合体。

（5）自主持有（至少部分自主持有）

从国内北京新天地等众多的大型商业项目开发来看，多数商业地产运营商越来越多地完全自主持有（或者部分持有）自身开发的物业，从而形成对物业的绝对控制权，以利于项目后期商业经营的培育和商业氛围的形成，并最终保证商业经营开发的完全成功。

项目距离开发内部众多的大型商业设施仍有一定的时间，作为运营商，应充分考虑自身预留部分大中型商业设施和商业物业，以保证商业氛围的形式和商业中心的形成。

（6）招商先行，主力店量身定做

从国内最近几年众多的大中型商业项目操作来看，招商对于项目投资者、商业氛围的形成、项目商业开发的成功等均十分重要。绝大多数项目在项目定位设计之初就进行招商，使招商先行，指导商业设施开发，避免后期商业设施在经营上出现不必要的问题。同时，前期招商的成功，可极大促进投资者的信心，并最终促进商铺销售。

（7）统一管理

项目建成后，商业设施将主要以多个组团的开放型商业为主，在商业定位的同时还会涵盖住宅、酒店等物业，因此需考虑成立独立的商业经营管理公司，前期参与业态规划、组织招商等具体工作，后期对这些商业设施进行统一管理，使项目可以有序地进行商业经营管理。

（8）整合营销

现代房产项目已经不单单以简单的销售部销售、广告推广作为项目营销的手段，更多的是将一切相关资源进行整合，进行立体式的整合营销，尤其对于本项目分期开发，更应该在营销范围、营销策略、营销手段等方面进行各类资源整合，扩大项目影响力和项目的销售渠道。

二、二线城市综合体项目整体定位的方法

二线城市综合体项目整体定位一般是先从总体上对项目的整体定位方向进行说明，然后按项目所包含的物业类型分别进行住宅、公寓、商业等物业的整体定位。下面是某二线城市综合体项目的整体定位。

该项目是一个集住宅、商业（大型购物中心、精品商街）、甲级写字楼、酒店式公寓、别墅为一体的超大规模的都市综合体，各物业类型的定位如下。

（1）住宅——××市中心精装成品华宅

关键词：市中心、精装修、奢华的、尊贵华宅。

将项目定位为××市标志性建筑群，由国际大师团队匠心筑造的最具城市生活居住价值的高尚住宅。

（2）酒店式公寓——××市中心豪华国际公馆

关键词：市中心、高档装修、酒店服务。

（3）别墅——××市中心稀世庭院别墅

关键词：市中心的、稀缺的、庭院别墅。

定位说明：市中心庭院别墅，稀世产品；

拥有都市的繁华和宁静的奢华，鱼和熊掌兼得；

20座席位，20个传奇，永远的典藏品。

（4）商业——××市中心精品购物街区

关键词：市中心的、精品的、精致的、时尚的。

定位说明：业态和商品有别于其他大多数商业，虽不是最高档最奢华，但却是××市最时尚的、最精致的商业，走的是精品路线。

（5）写字楼——××市中心5A级写字楼

关键词：市中心的、5A的、智能的、都市综合体里的甲级写字楼。

三、二线城市综合体项目整体定位的要诀

二线城市综合体项目整体定位的要诀主要有以下两个。

1. 要诀一

在进行项目整体定位时，可以对各物业类型之间的关系及相互促进作用进行说明。下面是某二线城市综合体项目的整体定位。

结合城市、市场及相关案例分析，项目整体定位为××国际城市综合体。

项目将以商业为驱动，打造内部有机循环的商办多元体，如图2-4所示。

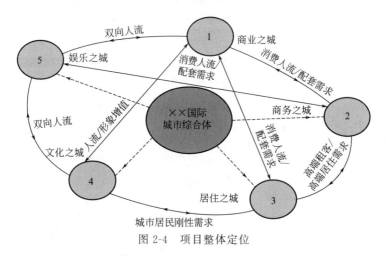

图2-4　项目整体定位

2. 要诀二

在进行项目整体定位时，需要对该整体定位进行阐述，一般可以从项目的形象占位及市场占位等角度来说明该项目定位的发展价值。下面是某二线城市综合体项目的整体定位。

（1）项目整体定位

××核心区·都市生活复合体验区。

（2）定位诠释

① 以"××核心区"作为本项目的区域形象占位，凸显项目的区位优势。

② 通过构建都市生活复合体验区的平台，确立项目高端的市场形象，重点突出都市综合体所带来的都市生活的体验价值，从而达到项目的市场占位。

第四节

二线城市综合体项目如何进行目标客户群定位

二线城市综合体项目目标客户群定位是指确定该项目各物业类型将分别为哪些客户群体提供产品和服务。无论是对项目哪一物业类型的客户群进行定位，一般都是按照先分析目标客户群的特征，然后细分目标客户群和对典型客户类型的特征进行描述，最后确定项目住宅、商业、公寓等不同类型的目标客户群的步骤进行。

一、二线城市综合体项目不同物业类型目标客户群特征分析的要诀

为了准确地进行目标客户群定位，首先需要对客户群的特征及需求进行分析。下面主要对城市综合体项目住宅、商业、写字楼、酒店等物业类型目标客户群特征分析的要诀进行说明。

1. 住宅目标客户群特征分析的要诀

二线城市综合体项目住宅部分的目标客群消费的目的主要是用于自住，可以从目标客群的生活居住习惯、家庭年龄特征、经济实力等方面进行分析。下面是某二线城市综合体项目住宅部分的目标客户群特征分析。

（1）目标客群基本特征

① 置业特征。有过多次置业经历，购房经验相对成熟，渴望通过购房来改善居住的舒适性，既追求日新月异的信息变化的时尚生活，同时又保持着中国相对传统的伦理观念，孝顺父母，重视子女教育等，对居住的品质感要求很高，已经不满足平面的感觉，更倾向于空间的层次感和神秘感。对品牌的认同感较强，已经渗透到生活的各个层面，如日常用品、家庭装修、房产投资，认为品牌就是品质的保证。

② 经济实力。具有雄厚的经济实力，可支配资金在 50 万元以上。

③ 社会活动。参加的社会活动较多，经历丰富，涉世较深，交际广，有自己的社交圈，敢于创新，具有一定拓展精神，已经是社会的中坚阶层，但仍有很大的上升空间，还有很多理想需要实现。

④ 生活习惯。经常在外进行活动，追求有品位有内涵的生活方式，喜欢美食，对餐饮、休闲娱乐的要求比较高。

⑤ 居住习惯。比较喜欢居住在闹中取静的地方，既可以享受到便捷的交通、完善的配套，又适合居住。居住市中心，希望能够体现身份的尊贵。

⑥ 家庭特征。大多为三口之家，也有部分是三代同堂的，与父母亲同住一起。

⑦ 年龄特征。目标客户集中在 30～50 岁之间，其中主力客户群在 35～45 岁之间。他们目前已经拥有商品房或其他形式的自有住宅，在年轻时购置的商品房或房改房已经到了更新换代的时候，因此，其购房行为多为二次以上置业。

⑧ 教育。目标客户的教育水平有高有低，受教育程度较高者其价值观念较新，追逐潮流时尚，崇尚生活个性化，讲究居住的文化氛围和高尚品位；而教育程度低的客户更希望融入到时尚圈层，体现其身份。

（2）目标客户需求分析

① 物质分析。由于项目地处市中心，周边生活、市政、教育、医疗、交通等配套十分

成熟，项目自身拥有商业，因此，目标客户对项目自身配套的要求主要不在上述方面，而在能够满足其品位要求的服务配套，比如会所、物业管理等方面。

a. 会所需求

（a）能够体现高尚社区的形象，所以会所的设置应相应地考虑这部分购买人群的需求。

（b）具体需求有：美食需求、健身养身需求、运动需求、休闲娱乐需求等。

b. 服务需求

（a）对安防等配套需求强烈，非常注重安全性。

（b）对物业管理服务的要求非常高，希望享受更加优质的服务，尽可能满足一些日常生活服务。

② 生活品位需求

a. 追求高格调的生活档次。

b. 体现个性和荣耀的品位标榜。

c. 有一定的社交互动需求。

d. 生活品位在大气中彰显个性。

③ 精神需求分析

a. 成熟的心理、时尚的消费追求。

b. 拥有丰富的社会阅历，心理比较成熟，在消费方面比较理性，但又追求时尚的、现代的消费，不满足于现状。

c. 有生活沉淀，有较强的身份认同感，性格比较沉稳。

d. 在各个领域拥有一定的成就，有较强的社会地位，身份认同感强，经过多年的生活磨炼，性格更加沉稳、内敛，不喜欢过于张扬。

e. 希望获得归属感和社会认同感。

f. 事业的成功，使他们的社会地位大大提高，更加希望得到社会广泛认同，在相应的圈层有一定的归属感。居市中心豪宅是他们进入高级圈层，获得归属感的重要方式。

g. 追求高品质、高内涵生活。

h. 有了成功的事业，拥有较强的经济实力，希望获得更高的品质生活，更好的居住环境、居住品质以及生活方式，希望能够凌驾于普通中产生活之上。

i. 对新事物更加接受和向往。

j. 见多识广，追求时尚，乐于接受新事物，希望拥有好的生活品位和内涵。

k. 具有成熟的思考能力。

l. 是富有生活品位、乐于接受更高生活和居住标准的人群。

2. 商业目标客户群特征分析的要诀

二线城市综合体项目商业部分的目标客户群的消费目的既有用于投资的，也有租赁的，在进行分析时，应对不同商业产品类型投资客户以及租赁客户的特征及需求分别进行分析。下面是某二线城市综合体项目的商业目标客户群特征分析。

（1）情景商业

① 背景特征

a. 经济实力较强；

b. 能够接受任何有投资价值的产品；

c. 相信裙带口碑。

② 诉求特征

a. 总价承受能力在 350 万～1000 万元；

b. 对项目未来价值提升有较高预期；

c. 关注区域内租金水平，出租率；

d. 主要是出租，适当时候考虑转卖。

（2）Shopping Mall 沿街底商

① 背景特征

a. 拥有多套商铺和住宅；

b. 身边有许多同样的投资客朋友；

c. 相信裙带口碑。

② 诉求特征

a. 注重品牌，品质；

b. 总价承受能力在 600 万～1700 万元；

c. 对产品未来价值提升期望较高；

d. 关注整个商业项目的经营状况、区域发展规划，考虑出租率的情况等。

（3）酒店裙房

① 背景特征

a. 具有丰富的投资经验；

b. 眼界开阔，能接受新鲜事物；

c. 相信裙带口碑。

② 诉求特征

a. 注重品牌、品质；

b. 总价承受能力在 750 万～2500 万元；

c. 对产品未来价值提升期望较高；

d. 关注区域发展规划、整个商业项目的经营状况、商业龙头的进驻，以持有为主。

（4）商业租赁

① 背景特征

a. 万达的商业联盟合作伙伴；

b. 品牌商业连锁；

c. 品牌加盟店；

d. 零售私营业主。

② 诉求特征

a. 关注租金水平、人流、业态规划；

b. 关注整个商业项目的经营状况、区域发展规划；

c. 对商铺位置较敏感。

3. 写字楼目标客户群特征分析的要诀

在进行二线城市综合体项目写字楼部分的目标客户群特征分析时，应重点分析目标客群在产品形象价值、经济价值、使用价值等方面的需求特征以及他们投资决策的敏感点。下面是某二线城市综合体项目的写字楼目标客户群特征分析。

这样一个特殊的、窄众的市场特征决定了整个高新区（含本案）拥有一个共同的主力客户群体，这个客户群体具有以下特征。

① 他们购买的是"生产资料"，而不是"生活资料"。产品的"经济价值"是他们决策因素的重要组成部分，各项优惠政策、投入产出比等将是他们投资决策的敏感点。

② 作为"生产资料的占有者"，他们对产品的以下功能有着苛刻的要求。

a. 形象价值：企业品牌形象的展示平台，是否能提升品牌形象等。

b. 经济价值：投入产出比，各项税费优惠能否到位，整个上下游产业链的各个环节是否能增加企业利润等。

c. 使用价值：产品的硬性指标能否满足企业经营的基本需求，各项配套是否完善，整体环境是否能提高运营效率等。

4. 公寓目标客户群特征分析的要诀

对于用于出售的公寓产品，主要是分析目标客群的经济实力、身份特征等方面。而对于用于出租的公寓产品，则主要关注客群在生活配套、交通、物业管理等方面的需求特征。下面是某二线城市综合体项目的公寓目标客户群特征分析。

（1）公寓购买客户

① 背景特征

a. 多是第二次购房；

b. 城市的精英阶层；

c. 已经在万达购买商铺；

d. 对泛北××地区有一定依赖性，能够接受××周边区域任何居住舒适、性价比高的楼盘；

e. 视野开阔，能接受新事物。

② 诉求特征

a. 追求城市感，注重品牌、生活品质；

b. 生活和工作对交通依赖较小；

c. 总价承受能力在80万～120万元；

d. 追求独立、个性、时尚、品位的生活空间。

（2）公寓租赁客户

① 背景特征

a. 在新北区长期工作；

b. 异地驻××市企业中高管。

② 诉求特征

a. 生活配套齐全；

b. 交通出行便捷；

c. 对物业管理有一定要求。

5. 酒店目标客户群特征分析的要诀

跟公寓的目标客户群特征分析相似，酒店的目标客户群特征分析也应对购买客户和租赁客户的特征分别进行分析。下面是某二线城市综合体项目的酒店目标客户群特征分析。

（1）购买类酒店产品客户

① 背景特征

a. 拥有多套物业；

b. 中产阶级；

c. 曾经购买过万达产品；

d. 对北××地区有一定依赖性，能够接受××周边区域任何居住舒适、高品质的楼盘；

e. 视野开阔，能接受新事物。

② 诉求特征

a. 城市感，注重品牌、生活品质；

b. 对服务要求较苛刻；

c. 总价承受能力在 50 万～180 万元；

d. 追求独立、个性、时尚、品位的生活空间。

（2）租赁类酒店产品租赁客户

① 背景特征

a. 长期在××市生活；

b. 驻××市企业中高管。

② 诉求特征

a. 追求城市感，注重品牌、生活品质；

b. 配套齐全；

c. 出行便捷；

d. 对物业管理有一定要求；

e. 对服务要求较苛刻；

f. 追求独立、个性、时尚、品位的生活空间。

二、二线城市综合体项目目标客户群细分的依据

二线城市综合体项目各物业类型目标客户群细分的依据可以是消费目的、客户来源、客户身份地位等。

1. 按消费目的细分目标客户群

按客户的消费目的，可以将目标客户群细分为自用客户和投资客户。下面是某二线城市综合体项目办公物业的目标客户群细分。

（1）办公客群

第一大类：众多的中小型企业

① 企业规模不大，主要以中小规模的民营企业为主。

② 企业对于办公空间的要求相对灵活。

③ 这类企业承租能力相对于大型企业而言较低。

第二大类：大量的专业制造类企业

① 长三角地区众多的制造企业往内地搬迁，但对于设计研发、企业管理、市场拓展维护需要大量的办公场所。

② 由于这些制造业企业将办公和生产分离，故办公面积需求不一，较灵活。

（2）投资客群

投资者类型：主要以个人投资客群及中小企业为主。

① 本项目作为写字楼的补充产品出现，因其灵活性、实用性超过写字楼产品而受到广大客户欢迎。这类产品面积分割灵活，从而带来总价低的优势，可满足个人投资客群购买。

② 部分中小型企业也有较大的投资需求。

2. 按客户来源细分目标客户群

根据不同区域客户的不同需求，可以将客户按区域划分为区域内客户及周边客户，并对不同区域客户的需求特点分别进行说明。下面是某二线城市综合体项目的目标客户群细分。

（1）核心客户：××区及周边区域客户

项目位于××区核心位置，目前处于大力开发阶段，同时也是人口导入的初步阶段，政府通过招商引资、房地产开发、人才引进等方式来给区域导入人口，在区域及区域周边经商、办公、深造的客户将会是本项目的核心客户。

（2）外围客户

① 城中心、周边县市及外区人员。项目所在区域位于开发新区，在××市知名度和受关注程度高，发展潜力大，升值潜力大，在××市及周边乡镇、县市等有投资意向的客户多半会将投资目标放在新区。

② 周边省市客户。专业的投资客注重的是投资产品的投资价值和增值潜力，××市在××省的总体发展处于起步阶段，注重长远效益的投资客可能会看好××市的投资潜力并瞄准××市市场。

3. 按客户身份地位细分目标客户群

按客户的职业类型，可以将目标客户群划分为政府单位人员、企业高层管理人员、私营企业主、从商成功人士等。下面是某二线城市综合体项目的住宅目标客户群细分。

某综合体项目住宅目标客群分类如下。

① 私营企业主，××市民营经济发达，私营企业众多，是本案住宅的重要消费客群。

② 大企业的高层，包括大型国有企业、外企、房地产公司、IT等企业的高层管理人员。

③ 从商的成功人士，包括在××市经商的成功人士以及××市在外地经商的成功人士。

④ 政府单位要员，事业单位的要员等有隐性收入的群体。

⑤ 专业人员，包括教授、律师、医生、高级工程师、高级营销人员、科研人员等。

他们是各行业的精英群体，能让周围人产生的购买欲望，对各自圈内的消费有很强的影响力。他们是对项目要求较高的一群人。

三、二线城市综合体项目目标客户群确定的方法

二线城市综合体项目各物业类型目标客户群确定的方法主要有以下的两种。

1. 方法一

通过对项目各物业类型目标客户群的消费目的、心理及行为特征等进行总结描述，确定项目的主要目标客户群体。下面是某二线城市综合体项目的住宅目标客户群确定。

项目住宅部分目标客户总体描述如表2-1所列。

表2-1 项目住宅部分目标客户总体描述

细分变量名称	细分变量描述	有效细分变量内容
最终用途	置业目的	第一居所:满足改善居住条件和品质生活需求;投资:待房价上升后转卖或出租
地理细分	客户的地区分布及比重	以××区(40%)、市中心(25%)为主,以××区为首的区域(20%)以及外域(15%)为辅
人口细分	性别、年龄、家庭结构、职业收入、教育、社会阶层	①职业分布广泛,但以企事业单位一般职员为主 ②年龄集中在25～30岁之间,呈年轻化 ③教育水平总体较高,多为本科或大专水平 ④家庭年收入集中在6万～10万元 ⑤以单身或两人世界为主
心理变量	生活方式、个性、态度	①都市依赖程度高 ②追求时尚、精致的事物 ③对生活配套尤其是交通配套的要求较高 ④对总价和性价比重视程度高

细分变量名称	细分变量描述	有效细分变量内容
行为变量	购买行为:动机、需求、特色、审慎程度、决策角色 使用行为:数量、机会、习惯	①动机:解决居住问题;追求高品质生活 ②购买力不是很强,对价格也具有相当的敏感性 ③购买决定偏感性,易受包装及推广的引导 ④购买能力上对家庭的依赖较重,尤其表现在首付款方面 ⑤使用行为以自住居家为主

该类目标客户群体是一群富有活力的城市新兴人群,他们正在社会的发展中逐步成长,有望成为行业的中坚力量,在事业上具有较大的上升空间和进取心,他们希望通过自己的努力得到社会的认可,在现阶段,更多是通过经验的积累达到自身能力的提升。该类消费群体虽然收入有限,但由于年轻,他们乐于接受新鲜事物,在追求物质的同时还在意精神的享受,在经济能力许可的情况下,也较为注重生活品质,对于都市生活有强烈的依赖。

2. 方法二

先对目标客户群进行分类,如按照主力客群、拉升客群、游离客群等划分,然后再分别对其消费动机、需求特征等分别进行描述说明。下面是某二线城市综合体项目的办公目标客户群确定。

从对产品的去化功能来讲,本案的客群层次如下。

（1）主力客群

客群界定:电子信息、仪器仪表、新材料、生物医药、光机电一体化、新能源产业等××区重点发展产业类客户。

置业动机:因企业不断发展壮大,需要更成熟的产业链环境,并且希望自己的企业能够有品牌影响力,寻求更高标准的办公场所。

需求物业类型:厂房、办公楼、写字楼。

（2）拉升客群

客群界定:新飞电器、联想、羚锐制药等国家著名品牌企业。

置业动机:在本地设办事机构,展示公司发展成果及实力,扩大市场业务。

需求物业类型:厂房、办公楼、写字楼。

（3）游离客群

客群界定:投资型企业及客户。

置业动机:看重片区发展前景及现代工业综合体的发展空间,预做投资,为自己带来巨额利润。

需求物业类型:厂房、办公楼、写字楼。

第五节
二线城市综合体项目如何进行案名定位

二线城市综合体项目案名定位是指对项目名称的确定,项目案名应突出项目的主题并容易给客户留下较深的印象。

一、项目案名定位的策略

在确定具体的案名之前，首先需要明确如何制订出有吸引力的案名。二线城市综合体项目案名定位的策略主要有：能提升楼盘品牌附加值，准确反映出市场核心竞争力；能形成营销推广差异点，以案名撬动市场第一驱动力；能体现出产品建筑风格，承载开发商为置业者提供的承诺；能反映出居住文化理念，案名能给予置业者心理暗示等。下面是某二线城市综合体项目案名定位的策略。

结合项目的市场调查报告，本项目的命名需着重体现及把握如下几点。

① 要体现本案的区位价值（一环内，主城区板块，城市中央生活；扩大项目区域价值的范围，案名体现城脉、文脉、人脉）。

② 要体现区域的价值。

③ 要符合本项目的实际情况——体量小，产品尚无突出优势，本项目要树立属于小而精的城区核心中高档项目的形象。要提高形象品质，但不宜过度表现出高端、尊贵、奢华，与御景湾形成有效的区隔。

④ 案名决定推广的调性，从竞争角度考虑，××项目属于本案的一级竞争对手，项目所倡导或诉求的居住文化理念要与之有区别，因此，在案名上要体现此点策略。

二、项目案名定位的方法

二线城市综合体项目案名定位的方法主要有以下三种。

1. 方法一

对项目案名各关键词分别进行解析并说明其蕴含的意义和价值。下面是某二线城市综合体项目的案名定位。

① 案名定位：国际时尚欢乐城。

② 案名解析

a. 国际：前瞻理念国际品质；具有号召力的品牌组合。

b. 时尚：都市生活风向标；时尚品牌的有机组合。

c. 欢乐：引领愉悦生活方式；休闲惬意的体验空间。

d. 城：舒适空间、时尚体验；生活娱乐购物的天堂。

2. 方法二

在对项目案名定位的依据进行阐述之后，提出项目可能采取的各种案名建议。下面是合肥市某综合体项目的案名定位。

（1）本项目的案名定位依据

① 项目整体功能概念主题。

② 开发商主观设想开发目标。

③ 国际/区域化的通用性、独特性。

④ 所在地/区位的代表性、地标性。

⑤ 地产项目起名导向。

⑥ 对项目定位的暗示。

⑦ 对地段优势的传递。

⑧ 对项目规模的准确传达。

⑨ 对物业功能属性的传达。

⑩ 对目标客群价值观的迎合。

⑪ 项目本身就是广告。

⑫ 要给人深刻的第一印象，切合实际，名副其实。

（2）命名建议

案名建议 1：汇车天下综合城

案名建议 2：合肥拉德芳斯汽车城

案名建议 3：车博汇

案名建议 4：南岗新一城

案名建议 5：蜀山中心

案名建议 6：高新时代广场

3. 方法三

在进行项目案名定位的同时，对项目的定位语及主推广语分别进行提炼。下面是苏州市某综合体项目的案名定位。

（1）案名建议：苏纶里

里，既指居住之地，又为邻里之意。

古代五户为邻，五邻为里。案名既体现故里、故乡等生活归属感，又可传达温馨和谐的生活氛围，崇尚和谐共生、守望相助的生活。

苏纶里是对苏州工业文明的传承，是苏州历史的一段回声；是延续苏纶厂的精神脉络，是对城市和文化的重新整合，实现历史与未来的完美对接。

Su Long，与汉语"苏纶"谐音，意指苏州悠长的历史与深厚的文化脉络。

（2）定位语

城市生活，先锋意识形态策源地。

（3）主推广语

承启苏州，献礼世界。

第六节

二线城市综合体项目如何进行产品定位

二线城市综合体项目产品定位包括项目的产品类型定位、户型面积定位等。

一、项目产品类型定位的方法

二线城市综合体项目产品类型定位是指确定项目所要开发的具体产品类型。在进行项目产品类型定位时，主要可以采用以下的两种方法。

1. 方法一

在明确项目产品类型定位的原则和思路的基础上，确定项目主要的产品类型，并按产品战略分类模型对各类产品进行分类，最后再确定产品的发展模式。下面是某二线城市综合体项目的产品类型定位。

（1）产品类型定位原则与思路

产品类型确定原则：最大化实现地块竞争力，弱化市场风险。

产品类型设想思路：价值标杆带动整体，现金流和利润产品引导客户多元化。

（2）产品类型确定

本项目的产品类型见表 2-2。

表 2-2　项目产品类型

居住公寓	SOHO、LOFT 办公	酒店式公寓	居住公寓＋酒店式公寓＋ SOHO＋LOFT 办公＋街区商业
项目主力产品，实现项目的快速变现，建议打造小面积、低总价具备高附加值的产品，引爆市场	鉴于市场低迷，不建议做高端写字楼，建议做 SOHO 以及 LOFT 类产品，面积不要太大，可办公，可居住，有很好的变通性，以应对市场变化	酒店的概念可提升项目形象，带动项目整体的销售	利润产品，价值最大化，也是项目的特色资源

（3）产品战略分类

按照产品战略分类模型，对各类产品进行分类，如图 2-5 所示。

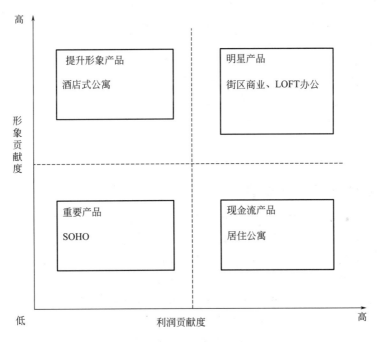

图 2-5　产品战略分类

（4）产品发展模式

根据市场现状、各类产品战略地位，建议项目采用以下发展模式。

① 以居住公寓为核心产品，实现快速变现，减少项目风险。

② 以商业、SOHO 为重要产品，实现项目的长期增值收益。

③ 酒店的概念可以提升项目整体形象，为项目增值。

2. 方法二

通过对比两个或多个产品类型定位方案的优缺点，经过综合分析后确定一个较好的方案。下面是某二线城市综合体项目的产品类型定位。

（1）方案一

① 将原有楼层 F6～F17 改造成酒店式公寓，进行精装修，改造外立面。

② 加建部分按照甲级写字楼标准进行建造。

此方案优势如下。

① 结构无需改动，不影响项目进行销售。

② 档次较高，利于项目进行宣传造势。

③ 有利于提升价格。

此方案劣势如下。

① 酒店式公寓和三期商务公寓在产品类型方面有所冲突。

② 居住功能较强，不利于项目商务综合体的整体宣传。

（2）方案二

① 将原有楼层 F6～F17 改造成复式结构，打造复式办公 LOFT 概念。

② 加建部分按照甲级写字楼标准进行建造。

此方案优势如下。

① 商务功能强，有利于商务综合体的整体宣传。

② 产品稀缺、概念创新，有利于打造项目市场领先形象。

③ 稀缺产品，有利于提升项目销售价格。

此方案劣势如下。

① 结构需要改动，工期较长，影响销售周期。

② 改造力度较大，损失部分可售面积。

方案需考虑的因素有：整体市场状况；项目自身条件；短、平、快的销售原则；利润最大化原则；风险有效规避。

因此，"酒店式公寓＋写字楼"是较好的开发方向。

二、项目户型面积定位的要诀

在进行项目的户型面积定位时，需要对各物业类型的面积分别进行确定。对于住宅公寓类物业，主要是对各户型面积及比例进行确定；对于商业物业，则需要对各业态的面积比例进行确定。下面是某二线城市综合体项目的户型面积定位。

（1）公寓：8 万平方米

① 酒店式公寓 5.5 万平方米。主力户型 35m²（单身公寓）和 50m²（一居），配套户型 70m²（两居），部分 110m²（三居），户型比例为 4∶2∶2∶2。

② 商业住宅 2.5 万平方米，160m² 大平层或客厅挑空楼中楼。

（2）集中式商业：4.5 万平方米

三层，其中超市 1.5 万平方米，餐饮 0.5 万平方米，休闲娱乐 1 万平方米（KTV、影院、儿童乐园等），其他 1.5 万平方米（服装鞋帽、手机数码等）。

（3）酒店：5 万平方米

快捷酒店 1 万平方米（两栋），星级酒店 4 万平方米。

（4）商业街：138356.6m²

分四大类：五金汽配、服装市场、农贸市场、餐饮小吃。

（5）其他

本项目建议不考虑地下室，预留足够地面停车位，或地下室按 4 万平方米测算。

第七节
二线城市综合体项目如何进行业态定位

二线城市综合体项目业态定位是指在明确项目商业物业业态定位原则的基础上，确定项目商业物业的业态类型。

一、项目业态定位的原则

二线城市综合体项目商业物业的业态定位一般要遵循以下几个原则：

① 满足总体战略的要求；

② 以市场为导向，符合市场现状；

③ 体现业态组合的复合性；

④ 要有一定的超前性和创新性；

⑤ 能有力提升物业价值预期，促进销售等。

对于城市综合体项目，商业业态的设置还应特别注意与住宅、写字楼、酒店等其他物业类型的位置关系，以达到不同业态与各物业之间的相互促进。下面是某二线城市综合体项目业态定位的原则。

1. 互动原则

① 延续性和过渡性：业态设置要考虑到商品的过渡性，避免品牌线断档和跨越出现。

② 同质客户群有效共享：考虑到平面、纵向业态的比邻安排情况，保障同质消费群在各功能/品牌间共享，提高消费频次和概率，如图 2-6 所示。

③ 人性化设置：针对项目单层平面大，消费者易疲劳的情况，在每层设置休憩场所/设施，如水吧、咖啡、简餐、茶餐厅、免费座椅等。

④ 各物业有机结合：业态设置兼顾商业、写字楼、公寓、住宅四者位置关系，通过不同的业态和品牌达到四者的有机结合。

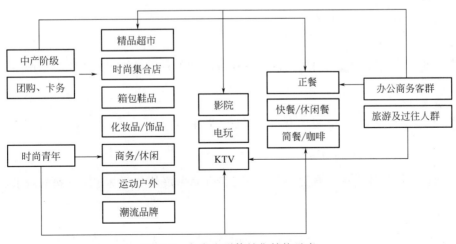

图 2-6　各客户群体销售结构示意

2. 品类原则

本项目各品类的比重如图 2-7 所示。

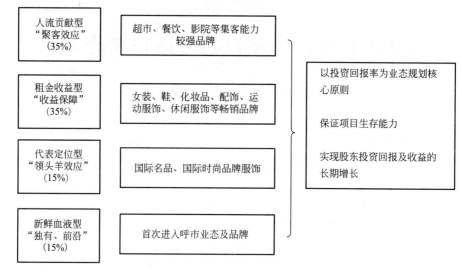

图 2-7　项目各品类比重

二、项目业态定位的要诀

二线城市综合体项目业态定位的要诀主要有以下两个。

1. 要诀一

二线城市综合体项目商业物业可能包括专业市场、购物中心、商业街等不同类型，在进行定位时，应对不同类型商业物业的业态设置分别进行说明。下面是某二线城市综合体项目的业态定位。

（1）临江街铺

特色餐饮娱乐区＋专业店＋社区配套。

（2）专业市场

服装批发（开发方向一）；

服装批发＋五金机电（开发方向二）。

2. 要诀二

在进行业态定位时，可以简要地说明各业态的设置对项目的积极影响。下面是某二线城市综合体项目的业态定位。

（1）美食天地

服务于商务、家庭及正餐、休闲餐饮；集聚人气，成为美食、高品质生活的目的地。

（2）儿童天地

儿童购物与儿童娱乐和早教的结合，满足带儿童家庭的"一站式"消费的需求，便于家庭消费。

（3）休闲生活天地

新的休闲生活方式，辐射周边区域，利用目的性消费吸引较稳定的客源。

第八节

二线城市综合体项目如何进行价格定位

二线城市综合体项目价格定位是指通过采用各种定价方式初步确定项目各产品类型的价格。

一、项目价格定位的方法

二线城市综合体项目价格定位的方法主要有以下三种。

1. 方法一

通过选取价格比对项目并对各项目价格进行修正后，得出项目的市场比准均价，最后根据项目在影响力、营销力以及产品类型等方面的溢价空间推出项目最终的实收均价。下面是某二线城市综合体项目公寓物业的价格定位。

（1）项目权重分配

比对项目权重分配具体见表 2-3。

表 2-3　比对项目权重分配

项目权重分配表	项目	权重	备注	价格/（元/m²）
	×城广场	40%	同区同质	8000
	×发广场	30%	同区同质	9000
	××国际中心	30%	同区同质	11000
合计		100%	—	—

（2）比对项目价格修正

① 打分方式：打与本项目比较得分具体见表 2-4。

表 2-4　比对项目得分

对比项目		×城广场	×发广场	××国际中心	权重/%
外部因素	开发商品牌	120%	105%	115%	5
	区域位置	100%	100%	100%	25
	外部环境	100%	100%	95%	10
内部因素	建筑规模	120%	110%	120%	5
	项目品质	110%	105%	105%	10
	产品定位	120%	110%	120%	25
	户型综合	110%	100%	105%	5
	风格材质	110%	100%	105%	5

② 分值还原：根据内外因素得分，将汇总分值除以取值区间 0.9 进行调整，修正价格见表 2-5。

表 2-5　比对项目修正价格

项目名称	修正价格/(元/m²)
×城广场	7272.73
×发广场	8640
××国际中心	10179.9

③ 与自身项目价格进行比较修正。

综上分析，根据市场客观比对，本项目的市场比准均价为：9064 元/m²。

（3）项目溢价

项目溢价是指由于项目的某一独有特质带来的额外价格空间，使项目正常价格产生增幅。本项目拥有三方面的项目溢价空间，具体见表 2-6。

表 2-6　项目溢价空间

项目影响力溢价/(元/m²)	9064×2%＝181
项目营销力溢价/(元/m²)	9064×3%＝272
产品类型溢价/(元/m²)	9064×2%＝181

（4）项目公寓最终实收均价

项目最终实收均价＝项目市场比准均价＋项目市场影响力溢价＋项目营销力溢价＋产品类型溢价

即：项目最终实收均价＝9064＋181＋272＋181＝9698 元/m²（精装）

2. 方法二

对于某些在市场上没有可对比项目的城市综合体项目，可以通过公司的策划经验以及产品自身的价值体现来进行项目各物业类型的价格定位。下面是某二线城市综合体项目的价格定位。

该项目属于典型的无可比项目参考物业，常规定价方式得出的价格无法进行市场评估，能否获得市场认同有待论证。

某销售代理公司通过多年的商务物业销售代理经验以及产品本身的价值体现，进行初步研判：

① 项目一期酒店式公寓部分均价在 3600 元/m²（±2%）；

② 项目一期写字楼部分均价在 3800 元/m²（±2%）。

3. 方法三

对于城市综合体项目商业部分的价格定位，可以采用租户访谈的方式进行租金测算。通过租户访谈了解目标租户对本项目商业概念定位的接受程度、可接受的租金水平以及其他特殊的需求，从而确定租金水平。下面是某二线城市综合体项目商业物业的价格定位。

① 租户长名单通过研讨会筛选，确定本项目的主力店和次主力店的访谈名单。

② 为了保证商户访谈的质量，在访谈工作开始前，公司需准备翔实的项目介绍资料和访谈提纲。

③ 选取租户访谈对象，通过访谈了解租户对本项目定位理念的认同度和个别期望、入驻意愿、租金预期、面积需求、楼层偏好、特别技术条件要求等。

④ 项目租金测算考虑了三种不同收益的预期情景，在租金水平、小租户招租率上有所不同。

a. 乐观情形

方案一：第一年平均租金 150 元/(m²·月)，第一年小租户招租率达到 85%。

方案二：第一年平均租金 190 元/（m²·月），第一年小租户招租率达到 90%。

b. 中等情形

方案一：第一年平均租金 113 元/（m²·月），第一年小租户招租率达到 80%。

方案二：第一年平均租金 143 元/（m²·月），第一年小租户招租率达到 85%。

c. 悲观情形

方案一：第一年平均租金 93 元/（m²·月），第一年小租户招租率达到 75%。

方案二：第一年平均租金 119 元/（m²·月），第一年小租户招租率达到 75%。

通常在项目培育期 1～3 年内，租户年租金递增率为 5%～10%；在成长期第 1 年租金年递增率有大幅度增长，约为 35%～45%。

二、项目价格定位的要诀

在进行二线城市综合体项目价格定位时，应对项目开发的住宅、商业、公寓等不同物业类型的价格分别进行初步的估算。下面是某二线城市综合体项目的价格定位。

（1）住宅物业价格定位（预估）

根据市场情况、开发状况、营销情况等调整。

开发方向一：4000～4500 元/m²。

开发方向二：4500～5000 元/m²。

（2）商业物业价格定位（预估）

根据市场情况、开发状况、营销情况等调整。

开发方向一：一层街铺 15000～18000 元/m²；一层内铺 9000～10000 元/m²。

开发方向二：一层街铺 13000～16000 元/m²；一层内铺 8000～9000 元/m²。

（3）公寓物业价格定位（预估）

根据市场情况、开发状况、营销情况等调整。

预计：4500～5000 元/m²。

第九节

二线城市综合体项目如何进行其他类型定位

一、项目主题定位的要诀

二线城市综合体项目主题定位包括对各物业类型的主题进行定位。在进行主题定位时，应关注客户群体消费需求的变化趋势，如随着客户对健康问题的重视，以生态、健康为主题的项目能吸引更多的客户群。下面是某二线城市综合体项目写字楼物业的主题定位。

目前甲级写字楼更关注硬件品质及形象，而随着人们对自我健康保护意识的不断提高，写字楼如何应对健康问题将受到重视，此时对于健康主题的定位及宣传将收到事半功倍的效果。

（1）生态健康主题

采用先进空气净化装置，增加新风供应量，新风严格过滤，设置过滤装置。

（2）人性化设计主题

① 预留办公室内部上下水管、预留内部楼梯、预留弱电容量等，体现以客户需求为先的人性化主题。

② 公共区域装修交房，无环境二次污染烦恼。

（3）绿色景观主题

① 充分利用裙房屋顶空间，布置绿化景观，创造独特的"空中花园"。

② 为本项目写字楼客户创造景观，改善环境，制造卖点，同时强化前述"生态、健康"的主题。

二、项目档次定位的要诀

二线城市综合体项目档次定位的要诀主要有以下两个。

1. 要诀一

在确定各产品类型的档次之前，首先对档次定位的依据进行说明。下面是某二线城市综合体项目商业物业的档次定位。

（1）商业物业档次定位依据

① 商业调研；

② 客户分析；

③ 差异化竞争需要；

④ 商圈消费力水平分析；

⑤ 项目竞争策略；

⑥ 自身规模及建筑特点；

⑦ 商业持续发展的需要。

（2）商业物业档次定位

临江街铺：中档偏高，小部分高档。

专业市场：中档，专业分区。

2. 要诀二

在进行档次定位之后，可以从项目规模、建筑及配套服务特点等角度对该档次定位进行说明。下面是某二线城市综合体项目住宅物业的档次定位。

（1）住宅物业档次定位

××市中心最高档的精装修华宅。

（2）定位说明

① 市中心超大规模都市综合体，××市第一。

② 市中心最大规模精装成品房，××市第一。

③ 超高建筑，俯瞰全城，××市第一。

④ 都市密林主题，繁华里奢华的宁静，××市第一。

⑤ 为上流打造的真正品质住宅区，拥有豪华配套、奢华会所（建议），顶级的服务（建议），××市第一。

三、项目经营方式定位的要诀

二线城市综合体项目商业物业的经营方式主要包括只售不租、只租不售、又租又售、不租不售、与商家联营等。在进行经营方式定位时，可以通过对比各种经营方式的优劣势以及跟本项目的符合程度，最终确定项目商业物业的经营方式。下面是某二线城市综合体项目的经营方式定位。

商业物业主要经营方式的特征以及与本项目的符合程度见表 2-7。

表 2-7 商业物业主要经营方式比较

经营方式	特征	本项目符合程度
只售不租	出让产权,很快收回投资	项目位于成熟区域,可以考虑
只租不售	产权握在开发商手里,可以抵押再贷款,还可以待增值后出售,甚至可以将商业物业进入资本运作	考虑到开发回笼资金的要求,不考虑
又租又售	部分租,部分卖,出租部分起示范作用	可引入一些知名商家进驻,待项目成熟以后出售,也可引入专业经营公司进行经营,前期可将沿街或位置较好的店面出售,尽早获得收益,可以考虑
不租不售	自己做商业经营,同时赚到投资开发利润和商业经营利润	对于自身经营能力有一定要求,不考虑
与商家联营	以物业为股本,成立专业商业经营公司,合作或合伙经营	操作、利益分配较为复杂,不考虑

建议项目采取又租又售,招商销售同步进行。前期可将沿街或位置较好的门面出售,尽早获得收益;剩余部分可引入一些知名商家进驻,待项目成熟以后出售;整体商业需聘请专业经营公司进行统一经营管理。

第三章

二线城市综合体项目如何进行产品规划设计建议

二线城市综合体项目产品规划设计建议是指在项目市场调查分析和各项定位的基础上，对项目的整体规划、商业业态规划布局、道路交通规划与园林景观设计、建筑规划设计以及配套设施设置等提供建议。

第一节

二线城市综合体项目如何进行
整体规划与业态布局建议

一、项目整体规划布局建议的主要内容

二线城市综合体项目整体规划布局建议的主要内容包括项目整体规划布局原则的确定、项目经济技术指标的分析、项目整体规划布局方案的制订等。下面是某二线城市综合体项目的整体规划布局建议。

（1）整体规划原则

① 考虑区域发展成熟度、地块主要规划条件。

② 控制自行投资建设体量，降低投资成本。

③ 注重物业改造和升级，降低未来改造成本。

④ 通过较大规模的专业市场和主题型商业，形成项目凝聚性和目的性导入基础，通过独特购物体验和目的性业态适当引领消费升级。

⑤ 商务商业片区以独立的区域和动线规划，塑造高端市场形象，提升整个项目的物业影响力水平和分区规划布局说明。

⑥ A、D栋商业部分未来可升级成为市域型购物中心，引入超市卖场，提升项目商业集客水平，吸引周边居民前来消费，提升商业部分租金水平，并为未来商业升级提供支撑。

⑦ 聚合展示片区，目前可通过地块出租形式，销售商自行设计建设，降低建设成本。

⑧ 爱车综合服务片区可作为项目的汽车商业市场建设二期储备用地区域，也可作为4S店以外服务的延伸及升级，以专业的汽配服务提升项目汽车产业链级数。

（2）地块初步规划指标

项目位于××区，由××西路、××山路、××田路、××塘路围合而成，总用地面积约 500 亩，分两期开发。项目各分期主要经济技术指标见表 3-1。

表 3-1　项目各分期主要经济技术指标

内容	Ⅰ期	Ⅱ期
用地位置	由××西路、××大道、××潭路、××塘路围合而成	由××西路、××山路、××田路、××塘路围合而成
地块面积	208 亩	292 亩
容积率	＞1.8	＞1.5
绿地率	＞35％	
规划业态	4S 店，酒店，相应汽车配套，商贸，集资房等	

根据地块区位条件、未来道路规划及地块出让合同约定，建议项目分为两期开发。

以××塘路为界，东侧为一期，开发总建筑面积 25 万平方米；西侧为二期，开发总建筑面积 30 万平方米。

（3）整体功能分区建议

① 商业商务片区。该片区处于××西路主干道和××大道交叉路口，区位条件最佳，具有最好的展示面和人流导入。建议在该区域设置项目高档办公楼、高档商场、公寓式办公等，形成综合目的性体验型场所，引导区域的商业消费升级转型，以实现该项目的最佳用途。

② 4S 聚合展示片区。该片区通过××大道、××塘路等道路，可直接与××西路连接，车行条件良好，沿××潭路两侧，展示效果良好，满足 4S 店的开设要求。多家 4S 店的集合形成规模聚集辐射效应，便利的交通条件，可吸引××地区相关消费人群。

③ 汽车综合服务片区。地块形状较为方正，商业基础条件弱于 A、B 区域，宜设定相对大面积专业型市场，带动地块内部价值提升，建议以汽车服务为主题，延伸或补充汽车 4S 店，提供以外的服务，包括汽车美容、汽车改造、汽车配件采购、汽车相关用品等。

二、项目整体规划布局经济技术指标分析的要诀

在制订项目的整体规划布局方案之前，首先需要明确项目的各项经济技术指标。

1. 要诀一

在进行分析时，应对二线城市综合体项目不同物业类型的经济技术指标分别进行分析。下面是某二线城市综合体项目整体规划布局的经济技术指标分析（表 3-2）。

经济技术指标：

① 总用地面积 25200m²；

② 建筑占地面积 8460m²；

③ 总建筑面积 54720m²；

④ 容积率 2.2；

⑤ 建筑密度 34％；

⑥ 绿地率 30％。

项目不同物业类型的体量见表 3-2。

表 3-2　不同物业类型体量

产品类型	体量/m²	备注
SOHO 写字楼	11660	SOHO 办公,面积 40~60m²
LOFT 办公	3100	个性化办公
公寓	20400	平层面积在 40~60m²,挑高户型 30~40m²
酒店式公寓	10560	平层产品,面积 30~50m²
商业	9000	体验性商业街

2. 要诀二

除了对项目整体经济技术指标进行分析之外,还应对不同分期的各项指标分别进行分析。如某二线城市综合体项目的整体规划布局的经济技术指标分析。

本项目整体经济技术指标及各分期主要经济技术指标分别见表 3-3 和表 3-4。

表 3-3　项目整体经济技术指标

项目名称	建议指标
用地面积/m²	333415
建筑面积/m²	550000
容积率	1.55
建筑高度/m	约 100

表 3-4　项目各分期主要经济技术指标

周期	栋/区		建议业态类型/m²	开发体量/m²	占地面积/m²	建筑形态	单层面积/m²	层数	栋数	层高	建筑、高度
一期	A 栋		商业	75000	12500	独栋商业体	12500	6	1	首层 6m,2~5层 4.5m,6层 10m	约 30m
			地下商业	10000					1		
	C 栋	塔楼 1+2	办公	61000	19383	高层塔楼	3050	25/15	1	首层 11.5m,其他 4.2m	约 100m
		塔楼 3	办公	20000		高层塔楼	1333	15	1	首层 11.5m,其他 4.2m	
		裙房	商业	30000		商业裙房	15000	2	1	首层 6m,其他 5.5m	
	4S1 区		专营专卖	64000	32000	独栋商业体	3200	2	10	(自行设计)	约 20m
	绿化景观				20000						
	小计(计容)				250000						

——市场分析、定位规划、营销推广、经营管理全程策划要诀与工作指南

周期	栋/区	建议业态类型/m²	开发体量/m²	占地面积/m²	建筑形态	单层面积/m²	层数	栋数	层高	建筑、高度
二期	D栋	人才公寓	57400	6594	独栋商业体	1594	18	2	4m	约90m
		商业	20000		商业裙房	5000	4	1	首层6m,2～4层4.5m	
	E栋	汽车服务	100000	25000	独栋商业体	25000	4	1	首层6m,其余4.5m	约20m
	F栋	办公	10000	1250	小高层塔楼	1250	8	1	首层6m、其他4.2m	约80m
		汽车服务	20000	5000	商业裙房	5000	4	1	首层6m,其余4.5m	约20m
	G栋	加油站	3000	3000		3000	1	1	(自行设计)	
	4S2区	专营专卖	89600	44800	独栋商业体	3200	2	14	(自行设计)	
	小计(计容)		300000							
总计			550000	149528						

三、项目整体规划布局方案制订的方法

二线城市综合体项目整体规划布局方案制订的方法主要有以下两种。

1. 方法一

通过明确项目各大物业类型之间的关系和住宅、商业等群体的不同需求，分别提供住宅、商业等的规划布局建议。下面是某二线城市综合体项目的整体规划布局方案。

（1）明确四大物业类型关系

本项目各物业类型的关系如图3-1所示。

（2）商住群体环境要素

① 住宅群体

a. 追求居住环境的静、绿、美；

b. 要求生活环境安静祥和、园林美景；

c. 人、车流越少越好。

② 商业群体

a. 讲求热闹繁华、人声喧哗、客如轮转；

b. 人、车流越多越好。

在综合体中，住宅群体与商业群体既独立体现相互依托，但又相互影响。两大群体对环境的不同要求表明，应通过规划设计实现有效区划，形成商住分区、商住分流、人车分流，将购物娱乐的繁闹对居住的安静和安全的影响降到最低，从而提升项目物业价值。

（3）住宅区布局建议：组团式布局

组团式布局由若干栋楼宇构成一个观景主题或生活主题而形成一个建筑组团，为住户营

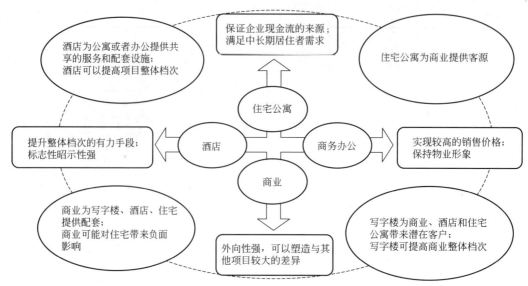

図 3-1 项目各物业类型的关系

造出从视觉到身心的愉悦,让人轻松随意,非常符合现代人邻里交流的心理需要。

作为一个城市中心缺乏自然景观、由多栋高档高层物业构成的住宅项目,为提高居住品质,小区宜采用组团式建筑布局,建议布局为2~3个景观主题组团。

(4)商业区布局建议:街区式布局

街区式布局中,各种商业业态能够结合紧密,店铺聚拢、经营集中,容易凝聚消费人气,使人流形成回路,不会容易造成消费者身心疲惫。

MALL、商务公寓、酒店公寓通过共用入口大堂及绿化景观天桥进行有机紧密联合。

2. 方法二

结合物业的功能性质进行分区,并采用图示的方法对各功能分区的位置关系进行说明,最后阐述该规划布局方案对项目物业价值的提升。下面是某二线城市综合体项目的整体规划布局方案。

(1)关注功能分区、分级过渡、打造私密的私属居住领域

结合功能性质进行分区,具体如图3-2所示。

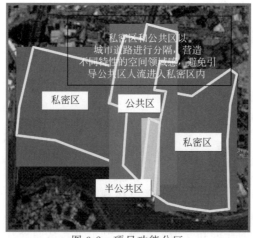

图 3-2 项目功能分区

① 居住中心。居住中心属于私密区,建议弱化城市道路,强化居住领域感,保证区域

内具有良好的居住环境和生活氛围。

② 休闲中心。休闲中心属于半公共区，建议设置高端主题物业为特定高端客户群体服务，弱化商业对私密居住区的不利影响。

③ 城市综合体区。城市综合体区为公共区，建议升级城市商业功能，以多元化物业吸引多样化人群，设计合理以分流不同使用者，降低对其他区域的不利影响。

（2）建立空间轴线关系、强化项目整体性

多轴线设计，强化项目18个地块的整体性和连接度，具体如图3-3，图3-4所示。

东西轴线：东西中轴＋组团绿轴＋沿江绿轴。

南北轴线：南北中轴。

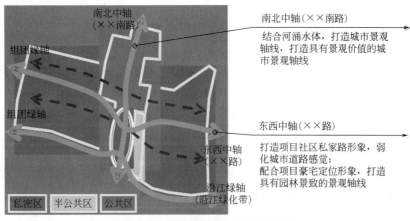

图3-3　南北轴线与东西轴线设计

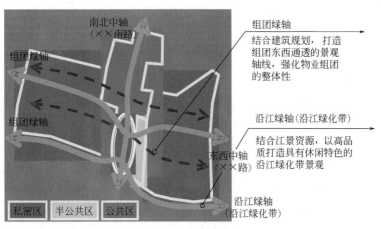

图3-4　组团绿轴与沿江绿轴设计

（3）地块整合开发，提升居住环境空间、组团规模

结合物业类型、地块分隔情况，对地块进行整合设计、开发，如图3-5所示。

设计上，通过连廊天桥，将不同地块连接、整合为一体，从而实现空间共享、品质提升，如图3-6所示。

（4）以平台提升组团空间，分隔组团外人流

以平台提升地块间的连接度，强化项目整体性，展现项目豪宅产品力，多方面体现豪宅形象。

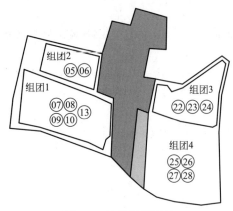

图 3-5　地块组团设计

以连廊设计，连通三地块的组团空间

图 3-6　地块连廊设计

① 规划：充分利用南北有利朝向、江景资源进行规划布局。

② 空间：宽楼距的布局设计，创造高舒适度、豪华感的组团空间。

③ 江景区域：充分利用望江展面，令景观物业最大化。

④ 一线江景区域：打造开阔望江视野，注重布局的通透性，避免对后排形成屏风式遮挡。

⑤ 二、三线江景区域：充分利用一线江景物业的通透排布，提升景观物业比率。

⑥ 园景区域：以超宽楼距创造组团景观亮点，提升物业产品价值。

四、项目商业业态规划布局建议的方法

二线城市综合体项目商业业态规划布局建议是指对项目商业部分如何进行功能分区和各楼层的业态规划所进行的建议，其常用的方法主要有以下两种。

1. 方法一

同时提供两种商业业态规划布局方案，并分别对每个方案的主题特色、各楼层业态布局、各业态配比等分别进行建议。下面是某二线城市综合体项目的商业业态规划布局建议。

（1）项目业态配比

本项目的业态配比见表 3-5 和表 3-6。

表 3-5　项目各分期商业类别配比

周期	商业类别	面积配比/m²	楼层/层	单层面积/m²
1 期	A 栋	75000	6	12500
	C 栋	30000	2	15000
	汽车 4S 店	50000	2	2500×10
2 期	D 栋	20000	3	7000
	E 栋汽车服务区	100000	4	25000
	F 栋汽车服务区	20000	4	5000
	汽车 4S 店	77000	2	2750×14
总计		372000	—	—

表 3-6　项目 A、C、D 栋业态配比

业态	A 栋(方案一)	C 栋	D 栋	总计
零售	16000	9800	—	25800

业态	A 栋(方案一)	C 栋	D 栋	总计
餐饮	21750	7200	8000	36950
休闲娱乐	22000	11400	6000	39400
生活配套	6000	1200	—	7200
展示	9000	—	6000	15000

项目 ABCD 栋的业态比例构成：零售、餐饮、休闲娱乐、生活配套与展示分别为 21％、30％、31％、6％和 12％（表 3-6）；此外，4S 店与汽车服务业态比重较大，占总面积的 34％、32％。

（2）一期：综合主题商场、裙房商业

① 综合主题商业：主题商业＋综合目的商业

a. 综合目的商业

（a）满足项目内部住户及区域消费需求；

（b）偏向于目的型综合的商业业态；

（c）增加餐饮业态比例。

b. 主题商业。主题商业可以考虑打造以汽车为主题或奥特莱斯（Olltlets）主题。

方案一：综合汽车主题

特色亮点：打造以汽车为主题的综合性商业项目，拥有主题餐饮、汽车展示、休闲娱乐等业态。本方案各楼层的业态分布如图 3-7 所示。

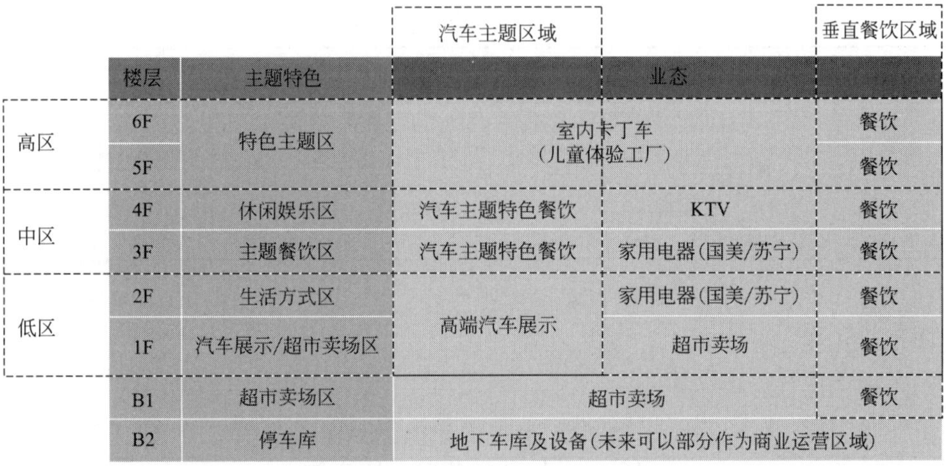

楼层		主题特色	业态		垂直餐饮区域
高区	6F	特色主题区	室内卡丁车 （儿童体验工厂）		餐饮
	5F				餐饮
中区	4F	休闲娱乐区	汽车主题特色餐饮	KTV	餐饮
	3F	主题餐饮区	汽车主题特色餐饮	家用电器(国美/苏宁)	餐饮
低区	2F	生活方式区	高端汽车展示	家用电器(国美/苏宁)	餐饮
	1F	汽车展示/超市卖场区		超市卖场	餐饮
	B1	超市卖场区	超市卖场		餐饮
	B2	停车库	地下车库及设备(未来可以部分作为商业运营区域)		

图 3-7　方案一各楼层业态分布

综合商业定位以汽车为主题，通过高区的特色主题设施向上导入目的性人群；中区以休闲娱乐和主题餐饮为主；低区以高端汽车展示以及超市卖场为主。

室内卡丁车/儿童体验工厂区域空间保持业态调整灵活性，在区域成熟后可以调整为影院等业态。

注：出于灵活性考虑，先期开发预留餐饮配置；垂直餐饮区的设置能充分运用垂直管道布局餐饮，并设置独立的出入口动线。

（a）超市卖场区业态设置见表 3-7。

表 3-7　超市卖场区业态设置

楼层	楼面面积/m²	业态类型	商户数量	单位面积/m²	品牌建议
B1	10000	超市卖场	1	6000	沃尔玛、卜蜂莲花、苏果、物美等
		休闲餐饮	5	100～500	味千拉面、肯德基等
		零售	10	50～100	药妆、眼镜、首饰等

地下空间合理设置生活配套类业态，为周边住户提供生活便利。此外，超市卖场周边商铺租金一般较高，可作为超市卖场以及业主良好的收益来源。

（b）汽车展示区业态设置见表 3-8。

表 3-8　汽车展示区业态设置

楼层	楼面面积/m²	业态类型	商户数量	单位面积/m²	品牌建议
1F	12500	超市卖场	1	6000	沃尔玛、卜蜂莲花、苏果、物美等
		汽车展示	8	400～700	奥迪、福特、本田、别克等
		休闲餐饮	4	200～300	星巴克、必胜客、真功夫等

一层展示面较好区域作为豪车展示区，适当设置小面积休闲餐饮业态作为消费休憩场所（表 3-8）。

（c）生活方式区业态设置见表 3-9。

表 3-9　生活方式区业态设置

楼层	楼面面积/m²	业态类型	商户数量	单位面积/m²	品牌建议
2F	12500	家用电器	1	5000～8000	国美、苏宁等
		汽车展示	5	400～700	奥迪、福特、本田、别克等
		中型餐饮	4	500	釜山料理、干锅居、豆捞坊、港丽等

二层家电区作为主力店，吸引目的性消费客群，豪车展示可以做挑空设计，具备良好的展示空间，增加视觉感官享受。

（d）主题餐饮区业态设置见表 3-10。

表 3-10　主题餐饮区业态设置

楼层	楼面面积/m²	业态类型	商户数量	单位面积/m²	品牌建议
3F	12500	家用电器	1	5000～8000	国美、苏宁
		汽车主题餐饮区	5	400～700	66 号公路餐厅、F1 赛车主题餐厅、奥斯汀汽车餐厅
		休闲餐饮	4	200～500	釜山料理、干锅居、豆捞坊、港丽

三、四层将作为主题餐饮区，设置设计风格主题化的餐饮，打造全市目的性的休闲场所，不仅可以享受汽车主题美食，也可作为游览目的地。

（e）休闲娱乐区业态设置见表 3-11。

表 3-11　休闲娱乐区业态设置

楼层	楼面面积/m²	业态类型	商户数量	单位面积/m²	品牌建议
4F	12500	KTV 及其他娱乐	2	3000~5000	好乐迪、世嘉游戏、Agogo
		汽车主题餐饮	5	400~700	66 号公路餐厅、F1 赛车主题餐厅、奥斯汀汽车餐厅
		休闲餐饮	4	500~600	釜山料理、干锅居、豆捞坊、港丽

在提供特色餐饮的同时，增加 KTV 等休闲娱乐业态，形成娱乐目的性的一层（表 3-11）。

（f）特色主题区业态设置见表 3-12。

表 3-12　特色主题区业态设置

楼层	楼面面积/m²	业态类型	商户数量	单位面积/m²	品牌建议
5F、6F	12500	室内卡丁车	1	4000~6000	杭州 F2、上海迪士卡、北京优速 U-speed
		桌球、娱乐包房	2	500~600	作为卡丁车的辅助功能业态，与室内卡丁车共同经营
		中型餐饮	5	500~1000	望湘园、苏浙汇、美食广场

室内卡丁车需要大面积的挑空区域，建筑设计时，适当留出空间。项目五六层将通过室内卡丁车、桌球及其他娱乐设施形成合肥独一无二的特色娱乐场所。

（g）各业态类型的比重见表 3-13。

表 3-13　方案一各业态类型比重

业态类型		该业态建筑面积/m²	总营业面积/m²	比重/%
主力店	主力店-卡丁车	12000	75000	16
	零售主力店（家用电器）	16000	75000	21
次主力店	娱乐次主力店（KTV 等）	10000	75000	13
小计		38000	75000	51
餐饮		21750	75000	29
展示		9000	75000	12
生活配套		6000	75000	8

总结：项目主力店为室内卡丁车馆与家用电器主力店，面积比例为 38%，次主力店 13%（表 3-13）；

项目业态分布配比平均，餐饮及零售占总建筑面积的 50%。

方案二：奥特莱斯

特色亮点：符合项目中高端商业的定位，以高端品牌折扣店形式，吸引目的性消费客群，辅以配套餐饮娱乐。

方案二各分区业态设置（略）。

裙房商业业态设置（略）。

二期：汽配市场、二手市场及驾校（略）。

2. 方法二

在对各楼层业态业种的布局进行建议的同时，对该规划布局的特色及各楼层业态针对的目标客户群体进行说明。下面是某二线城市综合体项目的商业业态规划布局建议。

（1）楼层业态分布

① -1F（旅客能量补给层）：便利超市、箱包精品店、小食铺。

② 1F（时尚发表层）：简餐、品牌店。

③ 2F（梦幻料理层）：大型餐饮。

④ 3F（舌尖上的艺术）：美食广场。

⑤ 4F（心灵之旅）：高档会所、酒店大堂。

（2）负一层业种组合定位建议

① 24H便利超市；

② 精品箱包；

③ 鞋帽；

④ 速食店；

⑤ 风味小食（久久鸭、周黑鸭、寿司）。

特点：

① 高铁旅客；

② 直通万达内部；

③ 最快吸引客流。

（3）一层业种组合定位建议

① 简餐（如猫空、蓝湾、上岛咖啡等）；

② 高档精品服装、鞋店；

③ 来一份等快速餐饮；

④ 移动或联通、电信营业厅、银行等大客户。

特点：

① 沿街；

② 大面积为主，配少量小面积；

③ 商铺。

（4）二层业种组合定位建议

① 四川特色火锅（谭鱼头等）；

② 海鲜美食；

③ 全聚德、呷哺呷哺等特色美食。

特点：整层整包或分包（与3F联合整包）。

（5）三层业种组合定位建议

① 排挡美食；

② 各类休闲小吃。

特点：

① "蚂蚁铺"（特色小食）；

② 整包或分包（大型餐饮、酒店）。

（6）四层业种组合定位建议

① 高档会所（大型企业会所）；

② 高档健身俱乐部（瑜伽馆、英派斯健身）；

③ 高档酒店大堂。

特点：

① 通过屋顶花园与酒店式公寓、办公连接；

② 项目主题性商业人无我有，人有我优，纵横互补。

（7）纵向面：-1F～4F

特点：内铺"蚂蚁铺"。

针对客群：投机客、投资客、自营客。

（8）横向面：沿街商铺

特点：大门面。

针对客群：自营客。

第二节

二线城市综合体项目如何进行交通规划与景观设计建议

一、二线城市综合体项目交通规划建议的主要内容

二线城市综合体项目交通规划建议是指为保障项目交通的顺畅而进行的交通组织规划建议，其主要内容包括交通动线规划建议、停车位配比建议与车库设计建议等。

1. 交通动线规划建议

二线城市综合体项目涉及的物业类型多，人流、车流量大，策划人员应针对不同人群交通的便利性对项目各出入口及道路系统规划进行建议。下面是某二线城市综合体项目的交通动线规划建议。

该项目容积率达4.8，而容积率高于1.6的商住小区，如果不实行人车分流，会造成道路的拥挤，带来安全隐患；而购物中心由于人员流动量很大，必须实施人车分流，顾客才能顺利进入商场。

（1）交通动线规划

人车分流＋人车分层。

项目强调整体的高综合品质，建议采用完全人车分流方式，但考虑到本地居民有喜欢就近停车购物的生活习惯，商业区可在地面增加规划少量路边临时停车位，同时方便商务区的商务交际往来。

（2）人车分流道路系统

住宅区地面原则上不通行汽车，小区道路只作消防通道或搬家运输使用，在不威胁行人步行安全和影响居民生活品质的前提下，设计机动车通行的道路系统。同时通过道路周围的绿化和小品设置来提升交通空间和生活空间的环境品质。

（3）人车分层道路系统

人在地上行，车在地下停。业主汽车通过地下车库入口直接进入小区，住宅或商业组团内部避免机动车行驶，但组团内道路设计应按照要求预留消防车通道。

2. 停车位配比与车库设计建议

二线城市综合体项目停车位配比与车库设计建议是指策划人员依据当地停车位的配置要

求并结合项目的实际情况，对住宅、公寓、商业街等不同物业的停车位数量进行配置，并对车库的设计提供建议。下面是某二线城市综合体项目的停车位配比与车库设计建议。

（1）停车配置要求

根据《××市城市规划技术规范》要求，××市配套停车位标准见表3-14。

表3-14　某市配套停车位标准

物业	分类	镇区车位标准
住宅	100m² 以下的户型	0.5 个车位/户
	101～130m² 的户型	1.2 个车位/户
	131m² 以上的户型	1.5 个车位/户
商业	普通旅馆	0.7 个车位/100m² 建筑面积
	餐馆、购物中心	2.0 个车位/100m² 建筑面积
	普通商业	0.7 个车位/100m² 建筑面积

（2）停车位配比建议

如果按照《××市城市规划技术规范》要求，本项目约4万平方米、4.8 的容积率，地块共需配置停车位1986个，具体见表3-15，仅商业区即需配置超过800个停车位，接近不可能完成的任务。

表3-15　项目各物业预计停车位数

物业	分类	预计规模	预计停车位数/个
住宅	100m² 以下的户型	370 户	185
	101～130m² 的户型	540 户	648
	131m² 以上的户型	230 户	345
商业	酒店公寓、商务公寓	建筑面积 24000m²	168
	购物中心	建筑面积 25000m²	500
	商业街	建筑面积 20000m²	140
合计			1986

对于本项目而言，具体开发建设的车位配比应从实际出发，前瞻性地考虑两个群体的需求问题，即项目整体产品档次与未来的居住者和消费者实际停车需求。

本项目的停车位配比建议见表3-16。

表3-16　项目停车位配比建议

物业	分类	预计规模	预计停车位数/个
住宅	100m² 以下的户型	370 户	260
	101～130m² 的户型	540 户	380
	131m² 以上的户型	230 户	160
商业	酒店公寓、商务公寓	建筑面积 24000m²	460
	购物中心	建筑面积 25000m²	
	商业街	建筑面积 20000m²	
合计			1260

① 住宅按标准的 0.7 个/户配置车位数量；

② 商业按最低标准 1 个车位/150m² （150：1）建筑面积配置车位数量；

③ 预计停车场建筑面积为 31500m² （25m²/车位）。

（3）车库设计建议

本项目拟采用阳光生态车库系统。

生态节能式住宅将是未来建筑设计的主流。

"阳光生态车库系统"可自然采光、通风、取消机械通风系统，节约能源，生态、环保。

二、二线城市综合体项目园林景观与绿化设计建议的方法

1. 园林景观设计建议的方法

二线城市综合体项目园林景观设计建议的常用方法主要有以下两种。

（1）方法一

先提出项目的景观主题与园林景观设计的总体操作思路，然后通过列举实施该景观主题的关键要点进行具体的建议。下面是某二线城市综合体项目的园林景观设计建议。

主题：小密林主题景观。

关键词：小密林、生态、自然、水景。

本项目位于市中心，定位为高档住宅社区，面临着众多的竞争。本项目要在市场竞争中脱颖而出，必须有强有力的产品品质作为支撑，包括规划、建筑、景观和服务等，而景观是体现项目档次和形象的重要载体，景观设计必须有特色、有主题、有档次，能够吸引目标消费群体的关注。

操作思路如下。

① 利用有限的绿化空间，见缝插针，种植树林，营造生态园林景观，让房子与树木亲密地结合，营造生机盎然的树林，让业主既能够享受到都市中心的繁华，又能体验都市中心里奢华的宁静，徜徉于林间水涯，感觉自然的呼吸，穿行于园区内外，享受"出则达，入则隐"的境界。

② 以园林绿化、水系为主体，营造密林主题景观，创造高雅的生态环境，开拓水景的生活居住空间。强调园林景观与水系的对话、建筑与水景的对话，"亲水、亲绿"，倡导人与自然的和谐共生。

对于密林景观的营造，建议通过以下几个节点来实施。

a. 入口景观。入口是社区的重要形象，入口景观的营造对住宅品质的提升具有重要意义，建议设置入口主题景观，形成社区的标志。

入口造型要内敛、低调、内涵、尊贵，又能够体现项目作为高尚住宅的气质。

主入口里面，营造一个密林组团，通过林荫道进入社区内部，其中林荫道两边种植高大的珍木、乔木，形成一条树木茂盛的林荫道。该路曲径通幽，让业主在通过繁华的街区进入社区林荫道后，马上体验到都市里的世外桃源，让心灵回归自然，彻底放松。

b. 主干道景观

（a）入口主干道——林荫道。入口主干道是社区的重要形象，入口景观的营造对住宅品质的提升具有重要作用。

主干道（园区入口主干道）边种植密集的高大乔木、成年珍木，可降低车辆噪声，营造生态树林，形成良好的生态效益，同时可作为园区内的视线屏障。

（b）园区内组团间交通干道。园区内道路形成尽端式及局部环通式道路系统。在保证交通畅达的前提下，适当增加线性的曲折，既有利于限制车速，又可丰富空间层次。

在造路的同时，充分考虑景观因素，运用借景、造景、障景等园林设计手段，将水系、小院别墅、树木层层引入视野。自园区入口，沿路皆为美景，达到路景相连，移步换景的效果。

c. 步行道景观

（a）步行系统也分为两个层次，一个结合园区主要出入口和中心绿地构成步行系统，另一个是由此系统向组团内延续的步行空间。组团内可设置1~2条弯曲的林荫小道。

（b）步行道应富于变化，以增强游园情趣，适当运用一定的造型以及路面铺装材料，如鹅卵石等。采用丰富多彩的硬质铺装材料和组合多变的拼图使地面富有情调，让回家的路更增趣味。

（c）步行道局部可设置高大乔木，营造小密林景观，形成一条林荫小道。步行道是社区重要的公共活动场所，通过营造小密林般的林荫小道，让人们在这里步行，有如在自然的小密林中漫步，曲径通幽、郁郁葱葱，小密林的气息扑面而来，而这里却是都市的中心，能够享受到如此奢华的宁静，十分独特。

d. 景观组团。高层公寓之间围合成5个大庭院，形成5个景观组团。组团内部设置步行道，步行道外种植3~4棵大型珍木，成为组团的标志性景观。其他绿地宜大片种植灌木、乔木，最终形成组团密林公园。

在这种情况下，高层的业主向下俯瞰，前后都可看到3000多平方米的密林组团公园，这在喧嚣的都市里是非常稀缺的。

其中，每个组团可以营造风格各异的人文景观，如以休憩功能为主题的组团景观可通过特色亭子、石头板凳等一些小品来营造，并结合不同的树种。

有的可以设置开放式广场，为儿童营造公共活动空间，有的可设置小密林漫步道，营造小密林栖息的氛围。

组团类型1：都市密林。通过种植密集的树木，营造社区密林，内设漫步道、亭子等，供业主散步、休闲使用。

组团类型2：儿童智力天地。内设儿童游乐广场，有树木、有伙伴、有草地、有玩具，给儿童一个释放纯真的天地。

组团类型3：太极亭。组团内设中式太极亭、木板凳、石头凳子以及一个开放的广场，让业主可以在这里交流、晨练（太极）、休憩等。

e. 环加油站的景观带。加油站对社区的形象存在较大的不利影响，可通过种植灌木、高大的乔木，形成密集的植被地带，形成小密林景观，减少加油站对社区的视觉影响。

f. 商业屋顶绿化景观。商业屋顶局部设置绿化带，局部可布置一些盆景，可作为高层住宅的景观，减少商业建筑屋顶对住宅的影响。

g. 沿会馆滨路景观带。利用沿会馆滨路地块红线内的退让部分，布局一排树林，作为景观带，可以减少道路灰尘和噪声对住宅的影响。

h. 小区水景（别墅和高层公寓之间）。水具有灵气和很好的景观功能，作为高尚住区，项目要充分发挥水景优势，营造出整个社区的水岸文化主题。

小区的水景可布局在别墅和高层建筑之间，作为两类不同物业隔离的地带，既保证了别墅组团的私密性，也可成为小区的中心景观带，提升小区的整体景观价值。

该景观水系呈南北向带状，两边通过人工驳岸，制造人工沙滩，结合山石、树桩等较为自然的景观，组成特色的景观带。另外，可利用该景观带将水景延伸到部分别墅庭院和高层住宅的组团内，分别形成水景庭院和组团水景。

其中，近岸的地方要考虑安全、种植水生植物，不宜太深，一般0.4~0.6m，中部要考虑养殖、底坡稳定和水体自净，不能过浅，按水宽一般深至 $1\sim2m$ 之内。可运用叠水、人工瀑布、亲水乐园、水榭平台、雕塑、小型喷泉，营造灵动和谐的亲水感觉。

园区雨水的集中收集、景观循环水系统水源补充、用户空调冷凝水应采用管道式排放。

i. 景观小品。通过对景观小品设计和布局，提升景观的品质，增强可观赏性、参与性，提升社区人文景观。

景观小品主要包括功能性和观赏性两类，前者如亭子、凳子、垃圾箱、果皮箱，后者如雕刻、喷水，两者有机结合，提升社区的景观层次和档次。

（2）方法二

通过对比竞争对手的园林景观设计，分析并提出有助于提升本项目竞争力的景观设计思路和具体的设计建议。下面是某二线城市综合体项目的园林景观设计建议。

① 竞争对手的园林主题分析。本项目竞争对手的园林景观设计见表 3-17。

表 3-17　项目竞争对手园林景观设计

项目名称	××花园	××半岛	××家园
环境园林	地中海风情水景园林，首层架空，1 万平方米地中海风情湖泊、棕榈树、热带鲜花、欧陆亭台与喷泉	开放式园林，首层架空，280m 纵深园林，获"中国最佳绿色生态宜居楼盘"称号	围合式园林，首层架空，东南亚园林风格

从表 3-17 中可以看出，各个项目对于景观设计都是围绕某一主题进行设计，且能体现该主题的特色。各楼盘项目园林都具有明显的热带或亚热带风情。

② 项目园林设计分析思考。项目受到土地限制，从二维层面空间元素考虑，不可能有大面积的园林景观。只能在楼间距或购物中心顶层做景观。如果能由二维向三维层面空间引渡，在园林、绿化、小区环境方面做好规划，提高绿化率，做出亮点，将有助提升项目竞争力。

③ 项目园林设计建议

a. 设计理念。规避非强势资源，合理利用各种空间关系，创造建立自身绿化景观优势，配合以简约的、生态自然的东南亚热带风情主题设计，打造有独特魅力生活的健康人居环境社区。

b. 园林剖面展示

（a）立体绿化，弱化高密度带来的不良感觉，创造最大绿化率。

（b）创造地形坡度，设置下沉式花园广场、架空层、平台花园、空中楼阁绿化层，作为车库和邻里交往的泛空间、商业的视野观空间，如图 3-8 所示。

（c）下沉式花园广场

ⅰ. 取得空间、视觉和使用功能的效果转换；

ⅱ. 开拓打造项目较高密度下的二度开放空间；

ⅲ. 项目面临 105 国道，降低居住环境噪声；

ⅳ. 地下空间开发应规避或解决采光、通风、消防等固有缺陷。

c. 园林布局场景元素建议。为增强各住宅组团的识别性和丰富社区园林体系，根据项目整体规划，结合各组团的空间尺度与公建设施分布，建议配合园林主题，融入建立健康人居居住体验场景，如生态养生、天伦休闲、社交文化、自然认知。

（a）生态养生

ⅰ. 注重多样性，富于变化，层次丰富，结合科学的方式根据植物的特殊养生功效进行

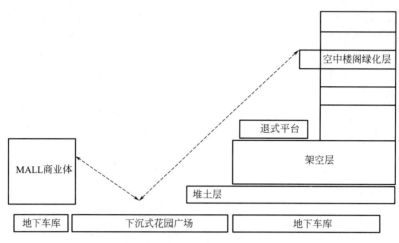

图 3-8　下沉式花园广场设计

各式搭配排布；

　　ⅱ.利用下沉式花园、架空层廊道、空中楼阁，高低错落形成自然隔断，保证内部居住的私密性。

　　（b）天伦休闲。可利用架空层空间，提供幼童、老人室外活动场所，便于老人在照顾孩子的同时有自己的活动、交流，以促进社区的融洽。

　　（c）社交文化

　　ⅰ.在枯水季节，水岸台阶就是参与者的水岸客厅，弯曲的台阶就是天然的桌椅；

　　ⅱ.在下沉式花园广场视野最深的位置设置观景平台，给观景者一个停留休憩的地方；

　　ⅲ.设置露天平台、临时运动场地。

　　（d）自然认知

　　ⅰ.在园林里的植物上用铭牌标示名称、原产地、习性等知识，让青少年从小就了解相关知识；

　　ⅱ.小品等细节的发挥，延伸文化内涵，建立边界感和领地感。

2. 绿化设计建议的方法

　　在进行二线城市综合体项目的绿化设计建议时，一般是先对各功能分区的植物配置进行建议，然后对各植物类型的特征及所需的数量分别进行说明。下面是某二线城市综合体项目的绿化设计建议。

　　（1）适地适树

　　以本土植物为主，选择适合本地生长、突出本地植物景观优势的植物，做出具有特色的社区组团绿化设计。围绕森林概念、花林概念、景观树概念、造型概念、色带概念和草坪概念，针对植物的数量、规格、种植密度三大要求和绿化配置的手法进行组团概念、景观组合等综合植物配置设计。

　　（2）各功能分区植物规划原则

　　① 森林概念区植物规划原则，在一定区域内运用一种或多种乔木片植成林，大树要求选用胸径 30cm 以上，冠幅饱满，树形优美的假植苗。

　　② 花林概念区植物规划原则。在一定区域内用一种或多种开花乔木为主组成森林。

　　③ 景观树概念植物规划原则。为获得较高的观赏价值或功能性而独立栽植或规则式栽植乔木。

④ 造型概念植物规划原则。指不同于常规生长的植物群体，有一定的特异形状或特异种植形式，强调一种景观造型美的种植。

⑤ 色带概念植物规划原则。指通过图案设计，将不同颜色的观叶地被或观花地被按一定规律排列的种植形式。

⑥ 草坪概念植物规划原则。指以低矮的草本植物为主的绿化形式，要求地形平整或变化平缓。

（3）部分苗木清单

各植物类型的特征及项目所需的数量分别见表 3-18～表 3-20。

表 3-18　乔木

序号	植物名	数量/株	备注
直径 30cm 以上大树			
1	多杆香樟	7	造景树,冠幅饱满,树形优美,4 个以上一级分枝
2	大银杏	4	造景树,冠幅饱满,树形优美,4 个以上一级分枝
3	广玉兰	10	假植苗,冠幅饱满,树形优美,3 个以上一级分枝
4	老人葵	24	杆高 3.5～4.0m
直径 15～29cm 大树及行道树			
5	银杏	10	假植苗,冠幅饱满,树形优美
6	造型桂花	1	造景树,丛生多分枝,冠幅饱满,树形优美
7	桂花	15	丛生多分枝,冠幅饱满,树形优美
8	乐昌含笑	12	五分层以上,树干直,不截顶,侧枝长 1.8m 以上
9	香樟 A	16	行道树,分枝点 1.8m,冠幅完整,形态好
10	香樟 B	21	行道树,分枝点 1.8m,冠幅完整,形态好
11	香樟 C	12	行道树,分枝点 1.8m,冠幅完整,形态好
12	杨梅	1	分枝点低于 0.5m
直径 15cm 以下乔木			
13	紫玉兰	20	五级分枝以上,分枝点低于 0.5m
14	红叶石楠树	28	冠幅饱满,树形优美,假植苗
15	红叶李	21	丛生多分枝
16	日本樱花	11	冠幅饱满,树形优美,假植苗

表 3-19　灌木

序号	植物名	数量/株	备注
1	华东茶	20	丛生多分枝
2	海桐球	33	饱满,球形,不光脚
3	大叶黄杨球	26	丛生多分枝,冠幅饱满,树形优美
4	红叶石楠球	12	饱满,尖塔形

序号	植物名	数量/株	备注
5	红继木球	28	饱满，球形，不光脚
6	小蒲葵	21	丛生多分枝
7	金森女贞球	39	饱满，球形，不光脚

表 3-20 地被

序号	植物名	数量/m²	备注
1	海桐	27	密植不露土
2	狭叶十大功劳	29	密植不露土
3	金森女贞	14	密植不露土
4	大叶栀子	50	密植不露土
5	红叶石楠	153	密植不露土
6	大叶黄杨	317	密植不露土
7	红花继木	193	密植不露土
8	毛杜鹃	60	密植不露土
9	洒金珊瑚	24	密植不露土
10	时花	19	密植不露土
11	紫花鸢尾	67	密植不露土
12	沿阶草	36	密植不露土
13	比利时杜鹃	16	密植不露土
14	马尼拉草	500	草坪

第三节

二线城市综合体项目如何进行建筑单体设计建议

二线城市综合体项目建筑单体规划设计建议主要包括对项目建筑风格、建筑设计、户型设计、装修以及配套服务等提供建议。

一、二线城市综合体项目建筑风格建议的方法

建筑风格是项目的形象，住宅的建筑风格主要通过外立面、色彩、细节处理和材质等要素表现出来。目前，国内常见的建筑风格包括欧陆建筑风格、新中式建筑风格、现代建筑风格、地方风情建筑风格。二线城市综合体项目建筑风格建议的常用方法主要有以下两种。

1. 方法一

通过对比分析竞争对手项目的建筑风格和结合本项目所具备的条件，对项目各物业类型的建筑风格进行建议。下面是某二线城市综合体项目住宅物业的建筑风格建议。

（1）竞争对手的建筑风格分析

本项目竞争对手的建筑风格见表 3-21。

表 3-21　项目竞争对手的建筑风格

项目名称	××花园	××半岛	××家园	××名都
建筑风格	地中海建筑风格	简约新古典建筑	现代风格	简约新古典建筑

××区大部分楼盘都采用欧式建筑风格，××名都和××半岛均是新古典建筑，××花园是地中海建筑，外立面色彩以暖色调为主，建筑风格同一，只是精致度各有不同；××世家及××名邸均采用现代简欧建筑风格，只有××家园采用现代式风格。

××区楼市的欧式建筑的影子浓厚，同一类建筑风格的扎堆，使目标消费群体对欧式建筑产生审美疲劳。

（2）项目形象因素分析

本项目形象的影响因素见表 3-22。

表 3-22　项目形象影响因素

分析因素	本项目条件	衍生联想涵义
项目所在区位	重点工业卫星镇之一，北邻××，南接××，105 国道、364 省道、城际轨道贯穿其内	卫星城、城际化
项目发展背景	发展中区域小家电产品带动	旧电子城、中心城
项目开发目标	区域综合体物业	各产品组合的相互价值提升
客户价值取向	现代时尚、高档 自身配套完善 享受生活、较高品位	有冲击力的市场形象；高性价比的（比较低的）投资门槛

（3）住宅整体风格建议

本项目采用现代简约建筑风格。

综合考虑××区房地产市场的发展阶段、楼市欧式建筑风格的类同扎堆和本项目城市综合体商住结合的特色，建议考虑采用新现代主义简约建筑风格。

现代简约建筑风格能勾勒出整个建筑形态的活泼并具有现代特征的轮廓，在外形上给人大气、豪华的感觉，并具有国际都市的品质感，更有利于表现项目的价值档次与于××区领跑地位的地标感。

2. 方法二

在给出项目建筑风格的建议之后，对该风格的理念、特点以及在不同层面上的特色进行详细的说明。下面是某二线城市综合体项目的建筑风格建议。

本项目采用的建筑风格理念：现代奢华主义风格。

（1）现代奢华主义风格解释

现代奢华主义风格装饰由直线和对称线条构成，体现在墙面、栏杆、窗棂和家具等装饰上。线条有的柔美雅致，有的遒劲而富于节奏感，整个立体形式都与有条不紊的、有节奏的曲线融为一体。综合运用玻璃、瓷砖等新工艺，以及铁艺制品、陶艺制品，注意室内外沟通，竭力给建筑艺术引入奢华主义元素。

（2）风格理念

奢华与高贵是现代奢华主义风格的代名词。建筑看起来明亮、大方，整个空间呈现出开放、宽容的非凡气度，雍容而又华贵。

现代奢华主义风格更像是一种多元化的思考方式，将工业文明的科技成就与现代人对于浪漫以及华贵的需求相结合，兼容奢华与时尚现代，反映出个性化的美学观点和文化品位，也是最被社会上层阶级所推崇的一种奢华建筑风格。

（3）风格特点

外部造型设计结合站前广场的特殊要求，采取现代、大气、简洁的风格。

住宅部分外立面运用竖向线条和体块，玻璃幕墙与涂料搭配，白色与暖灰色的色调处理，使建筑挺拔而秀丽，去繁就简，整洁耐看。底层商业部分为黄褐色面砖、灰色面砖及浅黄色面砖外加灰色铝合金百叶。商业地块玻璃幕墙与涂料搭配，体现现代、大气、简洁的风格。

（4）建筑立面特色

① 宏观特色

a. 地标性建筑群。运用现代奢华建筑手法，雍容华丽又不失质朴细腻。强调小区特色与风格，依靠各类向上的（坡）屋顶设计，结合整体典雅的色彩，创造层次丰富的天际线。强烈的标识感，让人即使在项目周边，也可以认知是本项目。

b. 温暖和谐建筑群。从单体设计到社区总体建筑与社区内部、周边环境相互和谐，创造和谐化社区；整体风格温暖和谐，指引回家的方向。

c. 景观化建筑群。内外住宅单体在"景观利用最大化"的基础上，适当顺应地形台地调整朝向。布局注重景观的开敞与发散，围绕中心园林，以观景效果为出发点，错落有致地排布建筑，并遵循"大面朝景，多面朝景"的规划原则，尽量做到"户户观景，开窗见绿"。同时，建筑也作为景观的一部分融入园林之间，被业主欣赏。

② 中观特色

a. 三段式，精致、典雅，极具层次感。

b. 整体色彩。米黄色墙体，绿色屋顶，黄锈石基座，浅绿色玻璃与空调挡板，结合白色挑框、深灰色（黑色）铁艺栏杆，整体色彩典雅精致，温暖富有亲和力。

c. 横纵韵律。楼体凹凸有致，飘窗、角飘窗、落地窗、阳台结合色彩搭配，产生立体丰富的光影效果，横纵韵律感强，挺拔且稳重。

d. 城市建筑轮廓线。注重住宅沿城市道路方向的天际线的变化，形成空间疏朗、层层递进的丰富层次。利用两梯四户和一梯两户以两个单元连接的方式，避免封闭的感觉，并利用底层沿街商业的骑楼打断上下单调的感觉。同时，其上的景观平台形成小区景观的延伸，构成层层后退的空间意向，使沿街整体轮廓线收放有序。

③ 微观特色

a. 墙砖。米黄色通体墙砖与黄锈石，色彩典雅，历久弥新，且便于清洁；通体砖与石材成本高于普通涂料，也高于釉面砖。

b. 窗体。开窗面积大，保证业主观景、采光效果。浅绿色镀膜，有效过滤有害光线，视觉更加舒适，同时提高居住私密性，白天基本上很难从外界看到室内；绿玻成本高于普通白玻；大面积窗体不利于保温，为保证保温效果，附加保温层成本。

c. 空调挡板。百叶窗式空调机位外罩，间隔合理的向下百叶，有效阻挡雨雪风沙，同时保证散热效果。前瞻性地考虑业主需求，统一楼体外观形象，设置在上下飘窗间，兼顾安全性，避免高空坠物。

二、二线城市综合体项目不同物业类型建筑设计建议的要诀

1. 住宅建筑设计建议的要诀

在对项目住宅部分的建筑设计进行建议时，主要从住宅室内的空间布局、通风采光设计

以及公共空间的设计要点进行建议。下面是某二线城市综合体项目的住宅建筑设计建议。

① 在满足其定量的性能标准时，尚需满足其合理性标准。

② 户型"四明设计"：住宅户内，实现"明厅、明房、明厨、明卫"，除了储藏室、衣帽间、小户型的卫生间外，所有房厅均能实现自然通风采光。

③ 公共空间"三明设计"：塔楼内公共空间实现"明电梯间、明消防楼梯、明公共走道"，即公共空间能够自然通风采光。

④ 保证合理的户型空间布局，户型方正实用。

⑤ 动静分区（大户型可采用跃式分区，2～3级踏步）。

⑥ 三房及以上户型户户有开敞的景观视野。

⑦ 三房及以上户型保证主卧向南，客厅尽可能向南。

⑧ 公用卫生间干湿分离，方便使用。

⑨ 三房及以上户型餐厅相对独立，能够自然采光通风。

⑩ 部分三房及以上房型设储物室、步入式衣帽间、双阳台。

2. 商业建筑设计建议的要诀

在对项目商业部分的建筑设计进行建议时，应分别对不同商业业态的设计要求进行说明。下面是某二线城市综合体项目的商业建筑设计建议。

本项目不同商业业态的设计要求见表 3-23。

表 3-23　项目不同商业业态设计要求

商业业态	类型	品牌举例	技术需求指标			
			上下水(公称直径)/mm	用电/kW	燃气/(m³/h)	排油烟/(m³/h)
零售	专卖店	ZARA	无	150	无	无
文化娱乐	书店(大型)	新华书店	无	150～200	无	无
	书店(小型)	光合作用	无	40	无	无
	电影院	星美	上水:50 下水:100	400～500	无	无
	KTV	钱柜(含餐饮)	上水:50 下水:100	150～200	316	10000～315000
	健身中心	一兆韦德	上水:50 下水:100	350～500	无	无
超市	家居超市	HOLA	上水:50 下水:100	500～800	无	无
	家电专业超市	国美	上水:50 下水:100	800	无	无
	精品超市	Ole'	上水:50 下水:100	300～500	无	无
	特色超市	屈臣氏	无	70(中央空调) 110(无中央空调)	无	无
	便利店	7/11	无	40	无	无

① 商业裙房商铺要求如下。

建筑物结构：一般采用框架结构。

层高：首层5.6m以上保证净高3.6m；其余各层层高4.8m以上。

柱距：7.5~9m，宜选择矩形柱网布置。

楼面载荷：精品超市3.5~4kN/m²（超市7kN/m²），库房4~5kN/m²。

总建筑面积：20000m²左右。

单层建筑面积：4000m²/层，一般来说不超过5层为宜。

停车场面积：1万平方米体量大致需要60~80辆车的停车面积。

库房、办公区面积：2000m²。

卸货平台：高1m左右（根据货车），面宽8m，进深5m。卸货区300m²，靠近库房设计；卸货通道净高3m以上为宜。

垃圾分类处理间单独设立。

3. 写字楼建筑设计建议的要诀

在对项目写字楼部分的建筑设计进行建议时，可以通过对比参考目前市场上其他写字楼项目的设计特点，然后再提出本项目写字楼物业在楼层净高、标准层面积、电梯等方面的设计建议。下面是某二线城市综合体项目的写字楼建筑设计建议。

（1）甲级写字楼硬件指标建议

① 楼层净高。本项目的楼层层高建议见表3-24。

表 3-24　项目楼层层高建议

楼层高度	上海甲级写字楼平均	合肥甲级写字楼平均	本项目建议
建筑层高/m	4.02	—	4.20
室内净高/m	2.76	2.4~2.6	2.80
架空地板/mm	110~150	—	100~120

a. 参考上海目前甲级写字楼平均水平，其产品建筑层高平均在4.02m，室内净高平均达到2.76m；

b. 同时，××市甲级写字楼市场租赁客户对本项目区域内写字楼标准层净要求集中在2.4~2.6m的范畴内；

c. ××市目前高端写字楼基本上都不配置架空地板，考虑到市场发展对于物业品质需求的提升，建议本项目写字楼层高为4.20m，室内净高为2.80m，架空地板高度为100~120mm。

② 标准层面积

a. 现有供应：参考目前上海甲级写字楼平均标准层面积，主要集中在2200m²左右。

b. ××市现有供应及需求：考虑到租户现状和现有甲级写字楼硬件标准，基本在1500~2500m²范围内，不同行业需求略有不同。

c. 客户整层面积需求：通过分析上海及××市甲级写字楼内的大型企业，发现国际500强企业的需求面积集中在1500~2500m²，金融、高科技及地产类客户则比较倾向于800~2000m²。

d. 项目的开发具有一定前瞻性，预计未来本项目写字楼标准层面积在1500~1600m²。

e. 采用无中柱大开间，标准方正楼层核心筒平面设计，提升项目整体利用率。

③ 电梯

a. 目前市场上现有甲级写字楼单部客梯服务办公面积平均接近6000m²。

b. ××市市场上现有甲级写字楼不少项目客梯服务办公面积平均接近80000m²，许多较为老旧的写字楼都出现了客梯严重不够的情况。

c. 考虑到本项目定位为高端甲级写字楼，建议本项目单部客梯服务办公面积为不超过 $5000m^2$。

（2）甲级写字楼产品建议

① 设计标准

a. 通信系统：两路光纤接入，光纤及超五类电缆垂直布线，拥有充足的电话直线。

b. 卫星电视：装置卫星电视系统及公共天线系统。

c. 电力系统：两路 35kV 供电，紧急备用发电机。

d. 消防系统：智能化消防报警系统，包括自动喷淋系统、消防栓系统、自动火警报警系统、灭火器、烟感系统、应急灯和安全出入口指示等。

e. 楼宇管理系统：先进楼宇智能化管理系统，监控和维持大楼供暖、空调及通风系统，消防系统，安保系统及广播系统的正常工作。另外，还需提供自动遮阳窗帘及自动温湿度控制。

f. 电话线：平均每 $20m^2$ 楼面建筑面积配有一条电话线。

g. 楼板承重：$\geqslant 400kg/m^2$。

h. 使用率：七成或以上。

i. 特殊要求：经一定改造后，可满足特殊客户在承重、备用电力供应、室内温度湿度控制及增加室内楼梯等特殊要求。

j. 空调系统：4 管制 FCU 或者 VAV 系统；新风量 $\geqslant 30m^3/（人·h）$；空调机组为国际知名品牌，设计温度夏季 24℃，冬季 22℃。

② 公共区域。办公产品属于展示型产品，形象的支撑对于价格的提升非常重要。客户注重公共空间营造，建议大堂、电梯间、洗手间进行精装修；对整层客户来说，建筑内部毛坯交付即可。

a. 大堂

（a）形象：挑高尺度形成豪华与大气形象，醒目位置设水牌。

（b）材料：地面应为大理石、花岗岩、高级地砖或铺高级地毯；墙面应为大理石或高级墙纸或高级漆，可设置吊顶。

（c）小品：可引入人造瀑布、植物盆景、文化石、雕塑等室内小品。

b. 电梯间

（a）视觉：有一定的装饰，细部精致，有视觉趣味点。

（b）安全性：监控系统设置。

c. 卫生间。卫生间与各办公间门口要有分隔距离；卫生间内有前室将外部空间与卡位空间隔离；地面防滑，铝板吊顶，采用名牌洁具；通风良好，设置感应式自动龙头；设置漫画框或背景音乐；前室应设干手机、洗手液盒。

4. 公寓建筑设计建议的要诀

在对项目公寓部分的建筑设计进行建议时，应根据项目所开发的公寓产品类型，分别对商务公寓、酒店式公寓等产品的设计要点进行建议。下面是某二线城市综合体项目的公寓建筑设计建议。

（1）商务公寓产品规划建议

商务公寓功能多样，商住皆宜，商务公寓设计要考虑既宜商用办公，又宜居家生活。

① 总体要求

a. 可定性为一房一厅小户型，户型面积不宜过大。

b. 设计需考虑空间的自由组合（如拆分、拼合）。

c. 商务公寓必须功能齐全，所有户型必须具备厨、卫及阳台等生活功能。厨房可设计为开放空间，不使用明火煮食。

② 平面要求结构

a. 大框架、少墙、少柱。

b. 平面相邻单位可以自由打通，随意组合。

c. 空间简约敞亮。

③ 竖向要求

a. 通过夹层或上下拼合创造自由空间，满足多功能要求及提高商务个性。

b. 单体建筑考虑单栋设计或 L 形设计。

c. 商务公寓部分可适当考虑小部分的 Loft 户型：Loft 设计增加空间舒适度；两层通高空间，展示企业的形象；Loft 设计增加客户的使用面积，提升产品价值。

（2）酒店式公寓产品规划建议

功能齐全，紧凑实用，宜商宜居。

① 以酒店式公寓或国际服务式公寓为设计理念，打造××市××区首个酒店式公寓或产权酒店公寓。

② 公寓开间 3.6m 左右，进深 6m 左右，使用落地飘窗增大空间。

③ 公寓层高 3m。

④ 酒店公寓完全按照商务型酒店进行平面布局，酒店功能齐，不设厨房与阳台。

⑤ 在打造酒店式公寓产品时，大堂和电梯、走廊等公共空间一定要凸现其尊贵和品质感。

三、二线城市综合体项目户型设计建议的主要内容

二线城市综合体项目户型设计建议的主要内容包括各物业类型的户型设计理念的制订、户型面积建议、户型配比建议以及户型特色设计建议等。

1. 户型设计理念的制订

在对项目的户型面积及户型配比等进行建议之前，首先需要明确本项目户型设计的理念，即结合公司的产品设计理念和市场需求特点说明本项目户型设计的总体方向。下面是某二线城市综合体项目住宅物业的户型设计理念。

××集团一直以来都以"回归人居本质，以人为本"为宗旨，这也是××广场户型设计的宗旨。186～277m² 4～5 居奢华大户，两梯两户，保证了每一户南北通透，全明采光。××广场不遗余力地践行着××集团的精品人居理念。

户型的好坏与人的生活息息相关，是住户在选房过程中关注的重中之重，户型的好坏直接影响到居住的舒适度，也直接关系到住户的生活品质。因此，××广场更加用心良苦，从规划设计到建筑实施，每一步都精益求精，力求为住户创造舒适的生活空间。××广场的住宅采用方正户型设计，大大提高了面积利用率；全部南北通透，提供最好的室内通风采光条件；宽阔的观景阳台，尽最大可能提高生活舒适度；功能布局合理，给住户舒适的生活享受；尊贵大房，精致雅室，满足不同成功人士对于豪门大宅的需求。户型产品定位高端，功能布局人性化，××集团的精品住宅理念，在项目中贯穿始终。归纳总结得出以下四点。

（1）人性化设计

大开间，满屋观景，全明设计，通风顺畅。

（2）分区明确

生活线、家政线、访客线三大动线动静分区、主次分区、洁污分区。

（3）生态户型

观景最大化，俯瞰城市万千繁华。

（4）细节周到

设置三个卫生间，真正做到了从细节上让业主的居住生活备感舒适、方便。

2. 户型面积建议

二线城市综合体项目户型面积建议是指在通过对比分析项目竞争对手的户型面积设置和目标客户的户型需求之后，确定本项目可以开发的主力户型及配套户型。下面是某二线城市综合体项目住宅物业的户型面积建议。

（1）竞争对手产品类型分析

本项目竞争对手的产品类型见表3-25。

表 3-25 项目竞争对手的产品类型

项目名称	建筑形态	楼高
××花园	高层，1梯4户/6户	24层
××半岛	小高层：1梯4户/6户 高层：1梯4户	10层、11层 18层
××世家	高层，1梯4户/6户	24层
××家园	高层，1梯4户	25～31层

片区项目均为高层建筑开发，其中××家园最高层31层。

（2）竞争对手户型面积分析

本项目竞争对手的户型面积见表3-26。

表 3-26 项目竞争对手的户型面积

项目名称	户型	面积/m²	房型	比例/%
××花园6期	最大户型	138.48～140.26	三室两厅两卫两阳台	16
	主力户型	106.13～114.25	两室两厅两卫两阳台	66
	最小户型	92.26～93.01	两室两厅两卫两阳台	19
××半岛5期	最大户型	105.45～108.08	三室两厅两卫两阳台	34
	主力户型	91.4～103.16	三室两厅一卫两阳台	23
		88.52～93.1	两室两厅一卫两阳台	27
	最小户型	80.34	两室两厅一卫两阳台	15
××世家4期	最大户型	107	三室两厅两卫两阳台	39
	主力户型	97、107	三室两厅两卫两阳台	70
	最小户型	78	两室两厅一卫两阳台	30
××家园1期	最大户型	120	三室两厅两卫两阳台	18
	主力户型	87、89	三室两厅两卫一阳台	62
	最小户型	78	两室两厅一卫一阳台	20

各项目的户型基本能做到间隔方正、南北对流、动静分区、全明设计，全部户型面积均小于144m²。

（3）目标客户户型需求分析

××区居民的家庭观念比较重，子女大多仍与父母一起居住，以二、三代居住为主，该居住状况相信近年内不会有太大的改变。

部分高端商务人士喜欢在家里工作办公,他们对生活的品质和生活细节的要求都很高,希望居所的设计有空间上的变化,在面积上也有较好的控制,因此,卧室之外配套功能间(如书房)最适合他们的要求。

(4)本项目户型面积建议

本项目户型面积建议见表3-27。

表 3-27 项目户型面积建议

产品类型	户型面积/m²	开发意向	说明
一房一厅	40 以下	×	已规划了商务公寓,不做小户型
紧凑两房	70～80	√	配套户型
舒适两房	80～90	√	主力户型
紧凑三房	88～100	√	主力户型
舒适三房	110～120	√	主力户型
紧凑四房	135～144	√	配套户型
豪华大户型	150～175	√	配套户型,顶楼复式、楼王户型

项目地处××区的黄金地段,是城市的核心区域,未来的商业中心配套设施完善,是最适合××区及周边中高收入人士及年轻阶层居住的区域。

建议适当拓宽项目住宅部分的销售覆盖面,开发两房、三房及四房户型产品,能够使销售的速度更快,降低销售风险。

3. 户型配比建议

二线城市综合体项目户型配比建议是指对各户型面积段的面积分配比例及套数比例提供建议,一般可以通过提供2～3个户型配比方案并对各方案的可行性进行说明的方式进行建议。下面是某二线城市综合体项目的户型配比建议。

(1)户型面积配比方案A(原有规划方案,根据甲方提供的数据估算)

本项目户型面积配比方案A见表3-28。

表 3-28 项目户型面积配比方案 A

面积/m²	面积比例/%	总价/万元
90～120	约 20	120
135～145	约 50	145
160～200	约 20	200
200～220	约 10	220

注:单价按1万元/m²计,其中装修费用按2000元/m²计。总价按最高面积计算。

在竞争极为激烈的高端市场中,项目要有高度差异,必须区隔竞争对手,树立自身竞争力,另辟蹊径,占领市场。因此,在户型方面,建议规划空中别墅,创造市场的亮点,树立产品高端品质住宅形象。

(2)户型面积配比方案B

本项目户型面积配比方案B见表3-29。

表 3-29 项目户型面积配比方案 B

面积/m²	面积比例/%	套数/套	套数比例/%	总价/万元
90～120	约 10	257	约 16	120

面积/m²	面积比例/%	套数/套	套数比例/%	总价/万元
120～130	约 20	456	约 28	130
144	约 20	375	约 23	144
160～200	约 10	150	约 9	200
270	约 40	400	约 24	270

注：单价按 1 万元/m² 计，其中装修费用按 2000 元/m² 计。总价面积按最高面积计算。

关于本方案的几点说明如下。

① 本方案目前是一个假设性的方案，需要经过系统的论证。

a. 与××市别墅和排屋的价格段位分析；

b. ××市目标客户的居住观念和生活习惯；

c. 相关竞争对手类似户型的销售表现；

d. 精装修房设计与装修标准的系统分析；

e. ××市市场豪宅认知程度分析；

f. ××市市场豪宅标准分析；

g. ××市豪宅市场的趋势分析。

② 类似方案在其他城市已获成功

a. 个案阐述；

b. 成交客户样本分析。

③ 定位必须出位，循规蹈矩，亦步亦趋，将使定位陷入平庸。

④ 风险控制。在第一期开发中，可大胆尝试，一旦市场出现问题，也可及时调整方案。

（3）户型面积配比方案 C

本项目户型面积配比方案 C 见表 3-30。

表 3-30　项目户型面积配比方案 C

面积/m²	面积比例/%	套数/套	套数比例/%	总价/万元
90～120	约 20	514	约 27	120
120～130	约 25	540	约 29	130
144	约 25	469	约 25	144
160～200	约 10	150	约 8	200
270	约 20	200	约 11	270

注：单价按 1 万元/m² 计，其中装修费用按 2000 元/m² 计。总价面积按最高面积计算。

4. 户型特色设计建议

户型特色设计建议是指提出本项目户型设计有别于其他项目的创新性和差异化设计建议，如运用大面积的入户花园、N+1 创新可变户型等。下面是某二线城市综合体项目的户型特色设计建议。

（1）入户花园

运用大面积入户花园，空间可灵活设计，使空间有效过渡连接，提高项目"均好性"和"舒适性"。

（2）N+1 创新可变户型开发

利用赠送的预留空间，原来的一室两厅一卫可变成三室两厅一卫，提高实际得房率。多飘窗设计也有利于拓展室内空间，配合大面积的空中观景阳台。

（3）局部挑高

户型在平层基础上设计出局部挑空空间，兼顾平层居住的舒适性和挑空客厅的豪华度，扩大人们普通的尺度感觉，产生较强的视觉冲击力，提高居住舒适性。

（4）其他特色设计建议

在不改变项目主体框架及内外柱网的基础上调整户型，在中间位置设置绿化休闲区域，使项目在通风及采光方面均更良好。100m 高空顶层设置观景区，提升视野感官高度，如图 3-9 所示。

图 3-9　住宅剖面示意图

四、二线城市综合体项目装修建议的主要内容

二线城市综合体项目装修建议是指对项目住宅、公寓、商铺等物业是否需要装修以及需要达到什么程度的装修标准进行建议，其建议的主要内容包括室内以及大堂、电梯间等公共部位的墙面、地面及配套设施等的装修标准。下面是某二线城市综合体项目的装修建议。

（1）住宅室内装修

① 门

a. 入户门：高级装甲入户门，配高级精美入户门锁。

b. 厨、厕、房门：采用高级木饰面门及门套，配高级门锁及五金件。

c. 出阳台门：高级铝合金门或××品牌等入户门。

② 窗

采用中空玻璃铝合金窗，飘窗台配天然石台面。

③ 客厅

a. 天花：高级乳胶漆，配精美石膏角线。

b. 地面：××品牌等高级抛光砖，局部地面拼花，周边天然石材围波打线。

c. 墙身：××品牌等高级墙纸，局部木饰面豪华造型。

④ 过道

a. 天花：高级乳胶漆，配精美石膏角线。

b. 地面：精美拼花。

c. 墙身：××品牌等高级墙纸。

⑤ 卧室

a. 天花：高级乳胶漆，配精美石膏角线。

b. 地面：××品牌等豪华复合实木地板。

c. 墙身：××品牌等高级墙纸（主卧床背木饰面软包造型）。

⑥ 厨房

a. 天花：硅酸钙板吊顶，高级乳胶漆。

b. 地面：××品牌等高级地砖。

c. 墙身：××品牌等高级墙面砖至天花。

d. 橱柜：××品牌等高级实木面板组合橱柜，配××品牌龙头。

⑦ 卫生间

a. 天花：硅酸钙板吊顶，高级乳胶漆。

b. 地面：精美地面拼花。

c. 墙身：××品牌高级墙面砖至天花。

d. 洁具：选用××知名品牌洁具。

e. 龙头：选用××知名品牌龙头。

（注：工人房卫生间除外）

⑧ 阳台

a. 天花：高级乳胶漆。

b. 地面：××品牌高级地砖。

c. 非封闭阳台墙身：同本层建筑外墙材料。

d. 封闭阳台墙身：外墙涂料。

（2）住宅配套设施

① 电话：预留电话线接口（由用户自行申请开通）。

② 电视：预留有线电视接收接口（由用户自行申请开通）。

③ 宽带网：预留宽带网接口（由用户自行申请开通）。

④ 供电：每户设独立电表，电线暗装，配优质名牌电箱，××品牌高级开关、插座面板。

⑤ 给排水：每户设独立水表，水管暗装。

⑥ 燃气：每户设独立燃气表，管道燃气入户（由用户自行申请开通）。

⑦ 安防：每户安装可视对讲。家居安防标准配置为客厅设红外线探头一个，入户门设门磁一个，主卧设紧急按钮一个。

⑧ 灯饰：客厅、餐厅、主人房、主卫配精美豪华灯具，其余空间配精美灯具。

⑨ 全屋配送××名牌小型分体式空调。

⑩ 厨房配送电器：××品牌煤气炉、抽油烟机、消毒碗柜。

⑪ 卫生间配送五金件：配××品牌高级毛巾架、纸巾拉环、手巾拉环等卫浴五金。

（3）住宅公共部位装修标准

① 住户大堂及电梯前室

a. 室内装修

（a）天花：造型天花吊顶，高级乳胶漆。

（b）地面：××品牌高级抛光砖，局部地面拼花。

（c）墙身：××品牌高级抛光砖，局部石材、木饰面造型。

b. 配套设施。首层大堂设小型中央空调；大门口设电控锁、开门按钮；入口门外侧设可视对讲室外机。

② 标准层电梯间

a. 天花：高级乳胶漆。

b. 地面：××品牌高级抛光砖。

c. 墙身：××品牌高级抛光砖。

（4）商铺毛坯交楼标准（带洗手间）

① 商铺室内装修

a. 天花：结构面相对平整。

b. 地面：结构面相对平整。

c. 墙身：水泥石灰砂浆找平。

d. 卫生间

（a）天花：结构面相对平整（层高超过4.45m的，隔墙可不到顶，无天花）。

（b）地面：沉箱底防水层完成，沉箱不回填；无沉箱时，地面为结构面相对平整。

（c）墙身：水泥砂浆找平，不安装门。

e. 门窗：玻璃门或卷闸门、铝合金玻璃窗。

② 商铺配套设施

a. 供电：每户设独立电表，室内设配电箱。

b. 弱电：预留电话、有线电视接口，使用时由用户自行报装开通。

c. 给排水：每户设独立水表，给水管接口入户，卫生间预留给排水接口。

（5）商铺毛坯交楼标准（不带洗手间）

① 商铺室内装修

a. 天花：结构面相对平整。

b. 地面：结构面相对平整。

c. 墙身：水泥石灰砂浆找平。

d. 门窗：玻璃门或卷闸门、铝合金玻璃窗。

② 商铺配套设施

a. 供电：每户设独立电表，室内设配电箱。

b. 弱电：预留电话、有线电视接口，使用时由用户自行报装开通。

五、二线城市综合体项目配套服务建议的要诀

为了满足不同类型目标客户群的需求，在进行二线城市综合体项目配套服务建议时，应针对不同的物业类型，分别设置配套服务设施，并具体区分住宅、公寓等物业管理服务的内容与标准，聘请专业的管理公司对不同物业分别进行管理。下面是某二线城市综合体项目的配套服务建议。

（1）住宅会所配套建议

作为一个高尚的住宅社区，会所对社区品质的提升具有重要的促进作用，也是未来重要的销售支撑点。因此，建议强化会所功能的设置，会所档次要豪华，使会所成为业主高品质、高内涵的生活空间。

建议在原有1500m²面积的基础上，适当扩大到3200m²左右。内部设置大堂及大堂吧、棋牌、红酒屋、雪茄房、高级餐厅、酒吧、艺术廊、SPA、健身房、游泳池、精品商店、乒乓球室、壁球室、桌球室、阅览室等功能区。项目会所各功能区的面积设置及设计特色见表3-31。

表3-31 会所各功能区设置

配套	面积估算/m²	备注
大堂及大堂吧、小酒吧	350	经营咖啡、茶等，为业主提供一个具有家庭温馨、时尚艺术、内涵丰富、高尚典雅气息的会所大堂及大堂吧，配上周到贴心的服务

配套	面积估算/m²	备　注
雪茄房	30	为顶级消费群体提供体验雪茄并进行交流的场所
高级餐厅	400～500	精致型奢华餐厅
精品商店	100	—
红酒房	50	红酒房珍藏各地名酒,供业主品尝
艺术廊	200	艺术品、工艺品、奢侈品展示
影音中心	200	包含影院、音乐中心
桌球、壁球房	300	—
阅览室	50	—
棋牌	300	—
游泳池、SPA、健身房	1000	提供美容美体、护理、健身、理疗、保健、按摩等各类服务
合计	2980～3080	包括管理用房,总面积大约需 3200m²

（2）公寓物业管理建议

聘请专业酒店经营管理公司,统一管理住宅、会所与酒店式公寓,为业主带来"无微不至,无所不能"的贴身管家服务,对提升住宅价格和品质有较大的帮助。

另外,考虑到商务公寓和酒店公寓、住宅的功能不一样,面对的客户对象不一样,建议商务公寓单独聘请有经验的写字楼物业管理公司管理。

酒店式物业管理建议:提供商务秘书＋管家服务中心＋一站式服务。

① 电话叫醒服务（免费）;

② 钟点工服务（收费）;

③ 订票订车服务（免费）;

④ 送房餐饮服务（免费）;

⑤ 洗衣服务（收费）;

⑥ 24h 商务中心服务（收费）;

⑦ 定期清理房间（收费）;

⑧ 代缴各类费用（免费）。

（3）酒店及商务 SOHO 配套相关建议

① 溢价功能:音乐吧;游泳池;红酒吧;品牌咖啡厅;品牌超市;中高档餐饮;品牌健身会所;水疗按摩室;SPA。

② 附加功能:健身会所;小型售卖中心;中档咖啡厅;商务会议中心;美容美发店。

③ 基础配置:便利店;健身中心;洗衣房。

第四章 二线城市综合体项目如何进行投资分析

二线城市综合体项目投资分析是指为了了解项目的投资价值并做好投资风险的应对措施而进行的项目收入测算、成本估算、盈利能力分析、盈亏平衡分析以及敏感性分析等。下面将分别对其分析的要诀进行说明。

一、二线城市综合体项目收入测算的步骤

二线城市综合体项目的物业类型包括销售物业和持有物业，其收入形式包括销售、租赁以及经营管理收入等。在进行项目的收入测算时，一般是先明确各物业类型的租售策略，然后分别确定各物业的租售价格，最后对总收入进行测算。

1. 项目各类型物业租售策略的制订

二线城市综合体项目各类型物业的租售比例分布是项目进行总收入测算的依据，在制订项目各物业类型的租售策略时，需要对住宅、公寓、办公等物业的租售形式以及租售比例分别进行说明。下面是某二线城市综合体项目各类型物业的租售策略。

各类型物业的租售政策及租售比例分布如表 4-1 所列。建议销售 30％的物业，持有70％的物业。假设各持有物业在期末可进行整体转售。

表 4-1　各类型物业的租售政策及租售比例分布

开发周期	物业	建筑面积/m²	租售策略	出租比例/％	出租面积/m²	销售比例/％	销售面积/m²
一期	A 栋（商业体）	75000	整体持有	100	75000		
		10000		100	10000		
	C 栋（办公和商业）	111000	部分销售	82	91000	18	20000
	4S1 区	64000	销售			100	64000
二期	地下车位 1	54880	部分销售	90	49280	10	5600
	D 栋（公寓和商业）	77400	部分散售	26	20000	74	57400
	E 栋（专业市场）	100000	部分散售	76	76400	24	23600
	F 栋（办公和商业）	30000	整体持有	100	30000		
	G 栋（加油站）	3000	整体持有	100	3000		
	4S2 区	89600	整体持有	100	89600		
	地下车位 2	34090	部分销售	41	14000	59	20090
	整体（计容）	550000		70	385000	30	165000

大型商业体、甲级办公及商业裙房、部分汽车服务中心、F栋以出租形式进行测算；公寓式办公、人才公寓、部分汽车服务中心及部分车位以全部散售形式进行测算；五星级酒店收益测算以委托管理运营的方式进行测算。

2. 项目各类型物业租售价格的制订

在制订二线城市综合体项目各类型物业的租售价格时，一般采用市场比较法测算各物业的销售或租赁价格。首先选取项目周边的代表性项目及其均价，然后对影响项目价格的位置、景观、环境等因素分别进行评分，最后可以采用定量线性回归法推出房价与评分之间的关系，通过本项目各物业的评分，可以得出本项目各物业的测算价格。下面是某二线城市综合体项目各物业租售价格的制订。

（1）商务公寓物业售价

参照项目商务公寓（人才公寓）的定位，根据项目周围及市场代表的写字楼产品价格区间进行相关指标比较，具体见表4-2。

表4-2　项目周围及市场代表的写字楼产品价格相关指标比较

项目名称	售价/(元/m²)	位置	景观	开发商及物业	周边环境	物业类型	装修	交通环境	总评
		30%	20%	10%	10%	10%	10%	10%	
××国际广场	6700	7	6	4	6	5	1	6	5.5
××中心	3970	5	4	5	7	5	1	5	4.6
××广场	5300	6	4	4	5	6	1	5	4.7
××大厦	5600	6	5	5	5	5	1	4	5
本案	5010	5	6	4	5	5	3	4	4.8

采用定量线性回归法测算办公物业的销售价格，如图4-1所示。

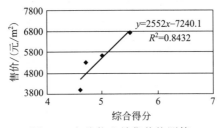

图4-1　办公物业销售价格测算

本案商务公寓价格：

$$y = 2552 \times 4.8 - 7204.1 = 5010 \ 元/m^2$$

（2）商铺物业售价

① 商铺租金价格（专业类）。项目周围专业类商铺租金价格相关指标比较见表4-3。

表4-3　项目周围专业类商铺租金价格相关指标比较

参考项目	××国际汽车城	××汽车城	××工业区汽车城	××名车广场	××汽车市场	本项目
位置	5	3	3	4	3	4
交通	4	4	3	5	4	4.5

参考项目	××国际汽车城	××汽车城	××工业区汽车城	××名车广场	××汽车市场	本项目
周边配套	4	5	3	4	4	4.5
人口辐射	4	4	3	3	4	4
物业品质	4	5	2	4	4	5
总评分	4.2	4.2	2.8	4	3.8	4.4
租金/[元/(m²·月)]	15～25	20～45	10～15	20	20～30	
首层平均租金	20	32.5	12.5	20	25	27.52

采用定量线性回归法测算专业类商铺租金价格，如图4-2所示。

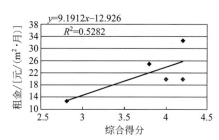

$$y = 9.1912x - 12.926$$
$$R^2 = 0.5282$$

图 4-2　专业类商铺租金价格测算

本案专业类商铺租金价格：

$$y = 9.1912 \times 4.4 - 12.926 = 27.52 \ \text{元}/(\text{m}^2 \cdot \text{月})$$

不同楼层专业类商铺的租金与售价见表4-4。

表 4-4　不同楼层专业类商铺的租金与售价

项目	1F	2F	3F	4F	均价
权重	100%	80%	70%	60%	
租金/[元/(m²·月)]	27.52	22.01	19.26	16.51	21.32
售价/(元/m²)	8369.23	6695.38	5858.46	5021.54	6486.15

② 商铺租金价格（零售类）。项目周围零售类商铺租金价格相关指标比较见表4-5。

表 4-5　项目周围零售类商铺租金价格相关指标比较

参考项目	××广场	××国际购物广场	××城市广场	××时代广场	××国际	本项目
位置	5	3	4	4	4	3
交通	4	4	5	4	4	3.5
周边配套	4	4	4	4	4	3
人口辐射	4	4	4	4	4	3
物业品质	4	3	5	4	2	3.5
总评分	4.2	3.6	4.4	4	3.6	3.2
首层平均租金/[元/(m²·d)]	10	9	11.5	7.5	5.7	5.08

采用定量线性回归法测算零售类商铺租金价格，如图 4-3 所示。

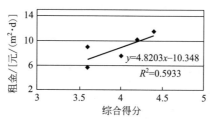

图 4-3　零售类商铺租金价格测算

本案零售类商铺租金：

$$y = 4.8203 \times 3.2 - 10.348 = 5.08 \ 元/(m^2 \cdot d)$$

不同楼层零售类商铺的租金价格见表 4-6。

表 4-6　不同楼层零售类商铺的租金价格

项目	B1	1F	2F	3F	4F	5F	6F	平均租金
权重	60%	100%	60%	50%	40%	30%	30%	
租金/[元/(m²·d)]	3.05	5.08	3.05	2.54	2.03	1.52	1.52	2.68

（3）办公物业租金

参照项目主楼顶级办公的定位，根据项目周围及市场代表的高端写字楼产品价格区间进行相关指标比较，具体见表 4-7。

表 4-7　项目周围办公物业租金价格相关指标比较

各外部因素	××大厦	××投资大厦	××广场	××中心	××国际大厦	××国际	××环球广场	×电大厦	平均	本项目
各项目评分值（1分最差，5分最佳）										
地理位置和交通状况	4	4	4.5	3.5	3	3	3.5	4.5	3.75	2.5
开发商及物业管理	3.5	4	4	4	3	2.5	2.5	4	3.44	3
建筑形象	3.5	3.5	4	4	3	3	2.5	3	3.31	3
商业配套服务设施	3.5	3.5	3	3	3.5	3.5	3.5	3	3.31	3
知名企业的聚集效应	3	3.5	3.5	2	2.5	2.5	3.5	3.5	3.06	2.5
硬件设施（楼层面积，净高，电梯配置）	3.5	3.5	4	4	3	3	2.5	3	3.31	3.5
各外部因素权重										
地理位置和交通状况	30%	30%	30%	30%	30%	30%	30%	30%	30%	30%
开发商及物业管理	10%	10%	10%	10%	10%	10%	10%	10%	10%	10%
建筑形象	10%	10%	10%	10%	10%	10%	10%	10%	10%	10%
商业配套服务设施	20%	20%	20%	20%	20%	20%	20%	20%	20%	20%
知名企业的聚集效应	15%	15%	15%	15%	15%	15%	15%	15%	15%	15%
硬件设施（楼层面积，净高，电梯配置）	15%	15%	15%	15%	15%	15%	15%	15%	15%	15%

各外部因素	各项目评分值（1分最差，5分最佳）									
	××大厦	××投资大厦	××广场	××中心	××国际大厦	××国际	××环球广场	×电大厦	平均	本项目
加权后的外部因素分值，各项目评分值（1分最差，5分最佳）										
地理位置和交通状况	1.2	1.2	1.35	1.05	0.9	0.9	1.05	1.35	1.13	0.75
开发商及物业管理	0.35	0.4	0.4	0.4	0.3	0.25	0.25	0.4	0.34	0.3
建筑形象	0.35	0.35	0.4	0.4	0.3	0.3	0.25	0.3	0.33	0.3
商业配套服务设施	0.7	0.7	0.6	0.6	0.7	0.7	0.7	0.6	0.66	0.6
知名企业的聚集效应	0.45	0.525	0.6	0.525	0.3	0.375	0.375	0.525	0.46	0.375
硬件设施（楼层面积，净高，电梯配置）	0.525	0.525	0.6	0.6	0.45	0.45	0.375	0.45	0.50	0.525
综合分值	3.575	3.7	3.95	3.575	2.95	2.975	3	3.625	3.42	2.85
租金/[元/(m²/月)]	58	56	47.5	67	22.5	38	39	65		

采用定量线性回归法，测算办公物业的销售价格如图4-4所示。

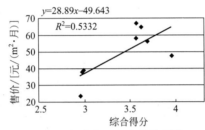

图4-4　办公物业租金价格测算

本案甲级办公物业租金价格：

$$y = 28.89 \times 2.85 - 49.643 = 32.69 \text{ 元}/(\text{m}^2 \cdot \text{月})$$

3. 项目总收入的测算

在确定各物业的租售面积及其租售价格后，需要分别计算各物业类型的总收入，最后汇总计算整个项目的收入。下面是某二线城市综合体项目的总收入测算。

按照市场价格，对项目各类产品做以下建议（表4-8）。

表4-8　项目各类产品的销售收入以及项目的总销售收入

产品种类	可售面积/m²	可售均价/(元/m²)	销售收入/万元
平层、酒店式公寓	20760	10000	20760
挑高公寓	10200	11000	11220
SOHO	11660	9000	10494
Loft写字楼	3100	9000	2790
街区商业	9000	15000	13500
产权车位/个	383	80000	3760
总销售收入			62524

二、二线城市综合体项目成本估算的步骤

二线城市综合体项目开发的成本包括了土地价格、税费、前期费用、建安费用等。在进行项目的开发成本估算时，一般先分别对各项成本进行估算，然后进行汇总分析。

1. 项目各项成本的估算

二线城市综合体项目的税收、销售费用等成本一般以项目的销售收入、租赁收入或总收入为基准，并乘以一定的百分比来进行估算。下面是某二线城市综合体项目各项成本的估算。

（1）税费假设

租金收入＝可租赁建筑面积×出租率×平均价格

销售收入＝可销售建筑面积×销售率×平均价格

租赁费用＝年租金收入×8.00%

销售费用＝销售收入×3.00%

营运费用＝租金收入×2.00%

房地产税＝租金收入×12%

营业税及附加＝年收入×5.55%

所得税增值预征＝销售收入×4.00%

整体转让中介费＝整体转让价值×1.5%

（2）地块成本

本项目地块成本为125万元/亩，总地块面积约为473亩。根据开发项目建筑部分承担计容建筑面积，核算分摊至每个主要建筑体。

① 地块成本分摊

a. 地块成本：125万元/亩。

b. 地块总面积：473亩。

c. 地块总地价：59125万元。

② 按照建筑面积分摊

a. 总建筑面积：550000m²。

b. 地块成本：1075.00元/m²。

2. 项目总成本的汇总估算

二线城市综合体项目总成本汇总估算一般采用表格的形式罗列所有的成本项目，并对所有的成本进行汇总计算。下面是某二线城市综合体项目的总成本汇总估算（表4-9）。

表4-9　项目总成本汇总估算

		内　　容	比　　例	单价/(元/m²)
一		项目土地成本估算		525
1	土地价格	土地成交价		500
2	税费	获取土地的相关成本	地价的5%	25
二	项目开发成本估算			3816
3	前期费用	勘察设计费、招投标、开办费、设计费等	4×3%	54
4	建安费用	商业及高层		1800

	内　容		比　例	单价/(元/m²)
二	项目开发成本估算			3816
5	地下室人防	地下建筑面积暂按 20000m² 计(带人防 4000 元/m²)		513
6	基础设施配套	供电、供水、燃气、暖气、排污、电信、绿化、小区道路建设等		350
7	公建配套	公共设施、绿化、安防系统费、道路等	4×5%	90
8	装修费用	共用部位及部分楼层室内全装修	简装 1000 元/m²	600
9	间接费用	工程监理费	4×3%	54
		项目管理费	4×3%	54
		财务费用		200
		其他费用	4×2%	36
10	不可预见费		3~9 总额的 3%	65
三	项目税收、销售费用等合计			1162
11	营业税及附加		销售收入 6%	436
12	销售和广告费用		销售收入 5%	363
13	土地增值税(预征)		销售收入 5%	363
四	综合成本		一＋二＋三	5502

三、二线城市综合体项目盈利能力分析的要诀

二线城市综合体项目盈利能力分析是指在对项目开发成本及收入测算的基础上,通过分析项目的投资利润率、投资回收期等财务指标来说明项目的盈亏能力。在进行分析时,应分别对不同分期不同物业类型的投资回报情况进行计算分析。下面是某二线城市综合体项目的盈利能力分析。

(1)销售物业动态财务分析

销售类物业根据项目开发周期进度进行销售周期假设,具体见表 4-10。

表 4-10　销售物业周期假设

物业类型	指标	2012 年	2013 年	2014 年	2015 年	2016 年	2017 年	2018 年	合计
4S1 区	销售率/%	0	50	50	0	0	0	0	100
	销售面积/m²	0	32000	32000	0	0	0	0	64000
公寓式办公	销售率/%	0	0	50	30	20	0	0	100
	销售面积/m²	0	0	10000	6000	4000	0	0	20000
地下车位 1	销售率/%	0	0	40	30	30	0	0	100
	销售量/个	0	0	64	48	48	0	0	160
人才公寓	销售率/%	0	0	0	50	30	20	0	100
	销售面积/m²	0	0	0	28700	17220	11480	0	57400
地下车位 2	销售率/%	0	0	0	40	30	30	0	100
	销售量/个	0	0	0	230	172	172	0	574
汽车服务市场	销售率/%	0	0	60	40	0	0	0	100
	销售面积/m²	0	0	14160	9440	0	0	0	23600

销售类物业价格根据市场调查，以市场比较法，经线性回归计算方式，初步获得，物业价格以每年5%递增，具体见表4-11。

表4-11　销售物业价格假设

物业类型	每年递增率	2012年	2013年	2014年	2015年	2016年	2017年	2018年
4S1区	5%	2437	2559	2687	2822	2963	3111	3266
公寓式办公	5%	5010	5260	5523	5799	6089	6394	6713
地下车位1/(元/个)	5%	70000	73500	77175	81034	85085	89340	93807
人才公寓	5%	5010	5260	5523	5799	6089	6394	6713
汽车服务市场	5%	6486	6810	7151	7509	7884	8278	8692
地下车位2/(元/个)	5%	70000	73500	77175	81034	85085	89340	93807

项目一期销售物业整体财务分析见表4-12～表4-14。

表4-12　公寓式办公物业销售财务分析

公寓式办公	参数	2012年	2013年	2014年	2015年	2016年	2017年	2018年	合计
销售比例/%		0	0	50	30	20	0	0	—
销售面积/m²		0	0	10000	6000	4000	0	0	20000
售价/(元/m²)		5010	5260	5523	5799	6089	6394	6713	—
销售收入/万元		0	0	5523	3479	2436	0	0	11438
开发投资支出/万元		0	0	9893	0	0	0		9893
销售税费支出/万元									
销售费用	3.00%	0	0	166	104	73	0		343
营运费用	2.00%	0	0	110	70	49	0		229
营业税及其他	5.55%	0	0	307	193	135	0		635
预征所得税、预征增值税	4.00%	0	0	221	139	97	0		457
费用支出总价/元		0	0	804	506	354	0		1664
息税前现金流/元		0	0	−5174	2973	2081	0	0	−120

表4-13　4S1区物业销售财务分析

4S1区	参数	2012年	2013年	2014年	2015年	2016年	2017年	2018年	合计
销售比例/%		0	50	50	0	0	0	0	—
销售面积/m²		0	32000	32000	0	0	0	0	—
售价/(元/m²)		2437	2559	2687	2822	2963	3111	3266	16789
销售收入/万元		0	8190	8599	0	0	0	0	16789
开发投资支出/万元		0	4629	4629					9258
销售税费支出/万元									
销售费用	3.00%	0	246	258	0	0	0	0	504
营运费用	2.00%	0	164	172	0	0	0	0	336
营业税及其他	5.55%	0	455	477	0	0	0	0	932
预征所得税、预征增值税	4.00%	0	328	344	0	0	0	0	672
费用支出总价/元		0	1192	1251	0	0	0	0	2443
息税前现金流/元			2369	2719	0	0	0	0	14347

表 4-14　项目一期销售物业整体财务分析

一期息税前现金流/元	2012 年	2013 年	2014 年	2015 年	2016 年	2017 年	2018 年
公寓式办公	0	0	−5174	2973	2081	0	0
4S1 区	0	2369	2719	0	0	0	0
整体销售	0	2369	−2455	2973	2081	0	0

项目二期通过动态财务分析：

人才公寓销售物业息税前 IRR（内部收益率）值为 54.43%；

汽车服务市场部分，息税前 IRR 值为 100.46%；

整体息税前 IRR 值为 69.19%。

（2）租赁物业整体财务分析

① 一期租赁型物业财务分析。一期租赁型物业现金流量表略。

项目一期通过动态财务分析：

A 栋商业体物业部分，息税前 IRR 值 19.79%；

C 栋甲级办公部分，息税前 IRR 值为 7.00%；

C 栋商业裙房部分，息税前 IRR 值为 23.16%；

一期租赁部分，整体息税前 IRR 值为 16.87%。

② 二期租赁型物业财务分析。二期租赁型物业现金流量表略。

项目二期通过动态财务分析：

D 栋商业裙房部分，物业息税前 IRR 值为 20.30%。

E 栋汽车服务市场租赁部分，物业息税前 IRR 值为 4.96%。

F 栋普通办公部分，物业息税前 IRR 值为 3.21%。

F 栋商业裙房部分，物业息税前 IRR 值为 19.84%。

4S2 区部分，物业息税前 IRR 值为 23.69%。

整体息税前 IRR 值为 14.06%。

（3）车位部分动态财务分析

车位一期部分现金流量表略。

通过动态财务分析，车位部分息税前 IRR 值为 5.90%。

车位二期部分现金流量表略。

通过动态财务分析，车位部分息税前 IRR 值为 12.05%。

总体财务结论：通过本财务假设及测算，项目一期息税前整体 IRR 值为 16.41%，投资回收周期为 9.57 年；项目二期息税前整体 IRR 值为 14.79%，投资回收周期为 10.74（表 4-15）。

项目一期投资总额成本为 12.35 亿元，项目二期投资总额为 11.96 亿元（该成本数据主要依据成都市场目前的调查及参考资料，含地块土地成本，并结合第三方数据调整获得）。

表 4-15　项目投资回报率情况与投资额度

IRR 投资回报率情况				投资额度
物业类型			息税前投资回报率	投资总额/万元
项目一期	A 栋	商业体	19.79%	43489
	C 栋	甲级办公	7.00%	33224
		公寓式办公	−1.64%	9893
		商业裙房	23.16%	14840
	4S1 区	4S 店	♯NUM!	9258
	绿化景观		—	2679
	地下车位 1		5.90%	10094
	整体		16.41%	123477
	投资回收周期		9.57 年	
项目二期	D 栋	人才公寓	54.43%	22653
		商业裙房	20.30%	10493
	E 栋	汽车服务市场(销售)	100.46%	11674
		汽车服务市场(租赁)	4.96%	37792
		上牌办证中心	—	1570
		检测线	—	500
	F 栋	普通办公	3.21%	4947
		商业裙房	19.84%	9893
	G 栋	加油站	—	884
	4S2 区	4S 店	23.69%	12961
	地下车位 2		12.05%	6270
整体			14.79%	119638
投资回收周期			10.74 年	

四、二线城市综合体项目盈亏平衡与敏感性分析的要诀

1. 项目盈亏平衡分析的要诀

在分析二线城市综合体项目的盈亏平衡点时，主要可以从项目开发总成本、房屋销售价格以及销售率等因素分别考虑项目的盈亏临界点。下面是某二线城市综合体项目的盈亏平衡分析。

根据项目销售收入（10.22 亿元）、开发总成本（6.77 亿元）和开发总面积（156000m²）、本案总体均价 6551 元/m² 指标计算。

项目盈亏的临界点测算见表 4-16。

表 4-16　项目盈亏临界点测算

因素	开发总成本/亿元	房屋销售价格/(元/m²)	房屋销售率
现在估算值	6.77	6551	100%
盈亏平衡点变化百分比	51%	34%	−34%
盈亏平衡点值	10.22	4341	66%

从表 4-16 分析可以看出，当开发成本增加 51%，或房屋价格下降 34%，或房屋销售率达到 66% 时，该项目达到盈亏平衡点。

根据市场预测，开发成本不会增加 10%，房屋综合销售价格不会低于 5000 元/m²，房屋销售率不会低于 70%，所以该项目有盈无亏。

2. 项目敏感性分析的要诀

在进行二线城市综合体项目的敏感性分析时，需要在假定其他因素不变的情况下，分别计算随着销售价格、投资总额、成本等因素的变动幅度，项目税前利润、投资收益率等经济效益指标的变化幅度。下面是某二线城市综合体项目的敏感性分析。

本项目敏感性分析，针对投资的税前利润和税前投资收益率两项指标进行评价，分别计算销售价格上下波动 5%、10%、15% 和总投资上下波动 5%、10%、15% 时，对经济评价指标的影响。计算结果见表 4-17、表 4-18。

表 4-17　售价变动敏感分析

经济指标	基准方案	销售价格变动(7442 元/m²)					
		−15%	−10%	−5%	5%	10%	15%
售价/(元/m²)	6551	5569	5896	6224	6879	7206	7534
收入/亿元	10.22	8.69	9.20	9.71	10.73	11.24	11.75
成本/亿元	6.77	6.77	6.77	6.77	6.77	6.77	6.77
税费/亿元	1.64	1.39	1.47	1.55	1.72	1.80	1.88
税前利润/亿元	1.81	0.53	0.96	1.38	2.24	2.67	3.10
投资收益率/%	26.8	7.8	14.1	20.4	33.1	39.5	45.8

在销售价格下降 5% 时，本项目经济指标发生如下变化：税前利润减少 0.43 亿元左右，下降了 23.67%；投资收益率下降了 6.3 个百分点。

表 4-18　投资变动敏感分析

经济指标	基准方案	投资总额变动					
		−15%	−10%	−5%	5%	10%	15%
成本/亿元	6.77	5.76	6.09	6.43	7.11	7.45	7.79
收入/亿元	10.22	10.22	10.22	10.22	10.22	10.22	10.22
营业税销售广告土地增值税费/亿元	2.15	2.15	2.15	2.15	2.15	2.15	2.15
税前利润/亿元	1.30	2.32	1.98	1.64	0.96	0.63	0.29
投资收益率/%	19.2	40.3	32.5	25.5	13.6	8.4	3.7

在投资总额增加 5% 时，本项目经济指标发生如下变化：税前利润减少 0.34 亿元左右，下降了 25.99%；投资收益率下降了 5.7 个百分点。

从以上两个方面的测算分析中可以看出，虽然投资总额变动不如销售价格变动的影响程度大，但其变动幅度仍然对本项目的投资收益具有较大影响，为确保本项目获得预期的收益，应该对本项目成本进行有效控制。

第五章

二线城市综合体项目如何进行营销推广策划

二线城市综合体项目营销推广策划是指为了提高客户对项目的认知度和认同度，并最终实现项目的成功销售而进行的策划工作，具体包括项目的推广策划和销售执行策划。

第一节
二线城市综合体项目如何进行推广策划

为了让更多的客户了解本项目，策划人员需要综合利用广告、媒体、包装、活动等推广方式对项目进行推广，并结合项目各类型物业的销售顺序，合理安排项目的推广步骤以及制订各推广阶段的实施计划。

一、二线城市综合体项目卖点提炼与整体推广战略制订的方法

1. 项目卖点提炼的方法

在制订二线城市综合体项目具体的推广策略之前，需要对项目的核心卖点进行提炼。策划人员可以通过梳理项目在区域、产品、配套、品牌等方面的价值，并综合考虑项目需要解决的核心问题，归纳出项目的核心卖点。下面是某二线城市综合体项目的核心卖点提炼。

（1）项目价值体系思考

① 品牌：行业巨头

a. ××集团无论企业规模、资金实力或者开发量，都位居中国房地产开发前列。

b. 企业通过多年的发展，已积累深厚的品牌文化积淀，非其他开发商所能企及。

② 区域：认知瓶颈、非市场首选

a. 虽隶属××区××新城，但已接近××区，距离市区约9km，目前在地段上无明显优势。

b. 老城区及××区地位尚未衰退，依然保持着较强向心力，是民众首先置业之地。

c. ××区或临近××区项目在价格方面难以达到全市一线水平（周边众项目价格均低于或持平全市均价）。

③ 资源：真正意义上的离尘不离城

a. 项目位于××市环境最优越之地××风景区，周边主要以高档社区为主，人文与涵养兼具。

b. 项目位于××高铁站旁，道路通达，交通便利，属于典型的高铁型社区。

④ 配套：区域处于发展期。日常生活配套十分缺乏，除临近社区有部分商业存在外，几乎无其他大型配套设施。

⑤ 产品：主打刚需，紧俏稀缺

a. 周边多为品质型社区，除个别项目有部分小户型外，其他基本为改善性户型。

b. 以企业品牌为依托，以板块差异为导向，立足大市深挖需求，打造产品品质核心。

（2）项目需要解决的核心问题与解决策略

① 作为全国一线品牌，首次进入××，品牌如何落地？

以全国一线品牌之名，以推动城市发展为义，打造项目与××市共繁荣的伟岸形象。

② 超大规模、物业类型丰富的综合性大盘，如何挖掘项目贯穿始终的诉求点？

××市不缺大盘，但缺乏大型城市综合体。一个××城市，一座××广场。

③ 作为率先动工的 A2 地块（青年公寓类型），在推广中如何协调项目大盘形象、公寓小资形象的矛盾问题？

以品牌营销为依托，以产品与行销理念为武器，在充分发挥大盘具有的规模优势基础上，用青年公寓关爱 80 后的角度获得市场认同（项目整体与 A2 地块之间实际上是整体与局部的关系，相辅相成）。

（3）项目操作策略剖析

本项目的操作策略如图 5-1 所示。

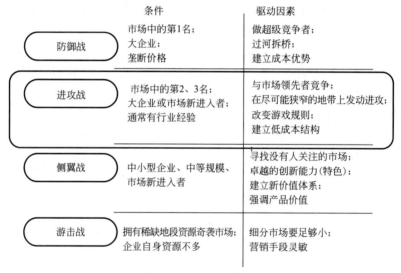

图 5-1　项目操作策略

本项目上市时，××广场预计已售罄，××广场亦处于尾盘状态，区域领导者空出，本项目顺势而为即可，以理念创新和成本控制为主要考虑因素。

（4）寻找突破点

本项目品质打造的关键价值指标体系如图 5-2 所示。

在具体规划、配套未出台情况下，如何有效组合现有资源，如何决策项目的概念包装成为本方案研究的重要方向。

（5）突破点锁定

本项目的核心卖点如图 5-3 所示。

品质打造KPI指标体系
先天价值指数
地段指标
板块潜力
区域价值
资源指标
××景区环境
××高铁站
后天价值指数
产品指标
经济指标
规划
户型
产品力
性价比
自身配套
行销推广
行销理念
平面展示
概念基本点
概念诠释

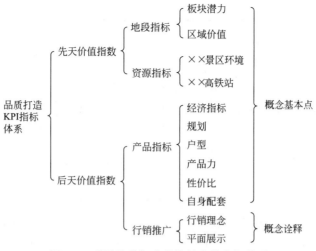

图 5-2 项目品质打造的关键价值指标体系

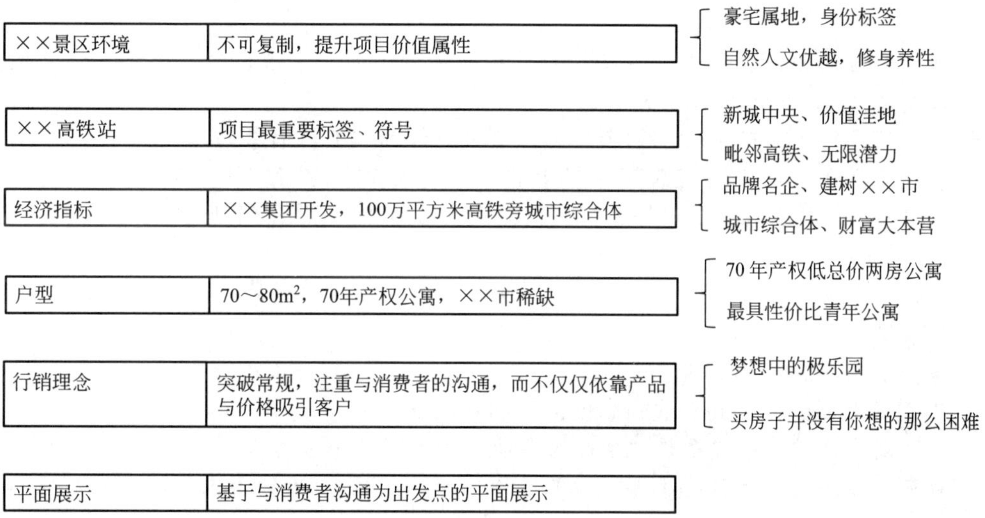

××景区环境
不可复制，提升项目价值属性
豪宅属地，身份标签
自然人文优越，修身养性
××高铁站
项目最重要标签、符号
新城中央、价值洼地
毗邻高铁、无限潜力
经济指标
××集团开发，100万平方米高铁旁城市综合体
品牌名企、建树××市
城市综合体、财富大本营
户型
70～80m², 70年产权公寓，××市稀缺
70年产权低总价两房公寓
最具性价比青年公寓
行销理念
突破常规，注重与消费者的沟通，而不仅仅依靠产品与价格吸引客户
梦想中的极乐园
买房子并没有你想的那么困难
平面展示
基于与消费者沟通为出发点的平面展示

图 5-3 项目核心卖点

2. 项目整体推广战略制订的方法

二线城市综合体项目整体推广战略制订的方法主要有以下两种。

（1）方法一

通过对比分析并总结竞争项目在推广方向、推广方式渠道、推广主题等方面的借鉴要点，突出本项目的差异化优势，最后确定本项目的整体推广战略。下面是某二线城市综合体项目的整体推广战略制订。

① 本案竞品推广调研。本案竞品的推广方向、推广渠道与推广主题见表 5-1。

表 5-1 本案竞品的推广方向、推广渠道及推广主题

项目	推广方向	选择方式、渠道	推广主题
××软件园	××地区首座高科技商务花园，××地区 IT 产业的 CPU，知本家创富领地	以冠名雕塑作品大赛等活动为主，报广、网络同步释放信息	××唯一的四层别墅写字楼

项目	推广方向	选择方式、渠道	推广主题
××科技园	整体主推项目综合优势	以冠名创新大赛等社会活动为主，报广为辅	现代、创新、高端
××基地	独立企业精神、企业孵化功能	报广＋大客户渠道活动（园区企业家俱乐部）	企业独栋＋××企业发展服务运营商
××产业基地	创智商业综合体＋××地区文化财富的引领者	××报、××商报广报＋9.6m创意LOFT装修设计大赛等社会活动	××市新一轮财富的蓝筹股、原始股

② 本案竞品项目推广分析。由表5-1可以看出，本案主要竞品在推广上具有以下共性。

a. 从自身产品特征出发，把项目自身特性作为推广方向，展现差异化优势，树立了自己的形象。

b. 基本能够遵循B2B营销关系的诉求方向，从客群特有的价值点出发来组织自己的项目卖点。

c. 在推广方式和渠道的选择上多以举行专业性社会活动来进行公共关系拓展，同时用报广展示形象、网络同步释放相关信息。

d. 在推广主题上，精神诉求和产品诉求交叉对外释放项目信息。

e. 上述竞品在推广中所表现出来的共性部分，体现了在工业地产推广中所绕不开的B2B营销诉求，即价值营销。这是本案在整盘推广战略中所需借鉴和坚持的。

③ 总体纲领

通过对工业地产市场属性、客户属性、营销属性以及周边竞品推广方式的梳理和分析，明确以下问题。

a. 本案的市场属于"小众"市场。

b. 本案的客群属于极其专业、高度集中的"小众人群"。

c. 本案对客户的营销关系是"企业对企业"的B2B营销关系。

d. 在树立本案清晰、鲜明、差异化的项目形象的同时，"价值诉求"应该贯穿整盘营销推广的全过程，不离不弃。

（2）方法二

根据提炼出来的二线城市综合体项目的核心卖点，从项目主要的推广形式、推广特色等角度对项目的整体推广战略进行阐述。下面是某二线城市综合体项目的整体推广战略制订。

××项目作为大型商业综合体，从来就是卖区域，卖气势，卖实力。

作为项目首次面市，必须让××市全城皆知。纵观其他大型项目，主要以单向活动营销为主，互动属性弱。尤其在淡市期，要突破一般性做法，形成强大的市场焦点。

项目争取绑定"娱乐或语言类明星"，形成互动性强、传播面广的市场焦点。

冠名或者赞助某明星演唱会，利用持续的明星效应使其迅速成为明星盘。

二、二线城市综合体项目推广的主要方式及各种推广方式策划的要诀

二线城市综合体项目进行推广的方式主要包括广告、媒体、包装、活动等，下面将分别对各推广方式的策划要诀进行说明。

1. 广告推广策划的要诀

二线城市综合体项目广告推广策划是指在明确项目广告战略及提炼项目卖点之后，撰写户外广告文案、电视报纸广告文案、楼书、折页等宣传物料广告文案等。二线城市综合体项目广告推广策划的要诀主要有以下三个。

（1）要诀一

在制订项目的广告战略时，可以通过对比竞争对手在品牌、地段、所包含物业类型等方面与本项目的区别，挖掘并突出本项目的优势，从而达到在广告创作时进行排他性的表述与宣传。下面是某二线城市综合体项目的广告战略制订。

本项目采用对中心区域采取全面垄断，对竞争对手采取全面压制的广告战略。

① 对中心区域采取全面垄断。一座城市，可以同时有几个中心，但却唯有一个核心。核心是中心的中心，拥有唯一性。本项目所做的，就是将城市中心，升级为城市核心。

正如广州正佳广场，让城市中心变核心。在正佳广场出现之前，广州有好几个繁华中心，北京路、上下九……而天河路只是众多之一，而当号称亚洲第一 MALL 的正佳广场，在天河路出现并发展成熟之后，天河路从广州几大齐名的中心商圈中脱颖而出，一跃成为广州的最核心商圈。

可以说，城市中心出现的超级城市综合体，所完成的就是将城市原本的中心地段，升级为核心地段，将城市原本的繁华之地，升级为繁荣之地。如果说××项目是"为城市，造中心；让城市，更繁华"的话，那么，本项目则是"从繁华，到繁荣；从中心，到核心。"

小结：中心可以有几个，核心唯有一个。以"中心与核心"的不同，作为广告创作出口，或者现场销售说辞，来达到对城市"唯一核心区"的排他性表述与宣传。

② 对竞争对手采取全面压制

a. 品牌压制。将本集团在××市有 8 年的积淀同××集团初来乍到进行对比，突出本集团的美誉度、区域知名度和地缘客群储蓄量等优势。

b. 地段压制。将本项目所在的××路商圈（城市一线中心）同××项目所在的××大道商圈（社区二线中心）进行比较，突出项目的地段优势。

c. 地标压制。将本项目 260m 地标同其他一般型商业建筑进行比较，突出本地标性商业建筑更能吸引资本的目光与全城的目光。

d. 业态压制。将本项目拥有写字楼、购物中心、名店街、住宅等多样化业态同××项目比较，突出本项目的综合体业态的全面性，而××项目无商务写字楼。

（2）要诀二

根据项目各阶段的推广目标，有针对性地分别制订项目预热阶段、开盘强销阶段、持续强销阶段等各推广阶段的广告文案。下面是某二线城市综合体项目的广告推广策划。

① 入世阶段广告文案

a. 示例 1：变革城市的文化力量。

不是所有建筑都能载入史册，不是所有商业都能影响城市进程，不是所有业态组合都能产生价值巨变。××项目以文化为 DNA，以对价值的无比崇尚；以一个城市的文化中心之姿，以辐射东南亚的文化影响；创造一种变革城市的文化力量，开启一个全新的商业价值时代。

b. 示例 2：文化改变生活。

如果没有文化，人类不会繁衍；如果没有文化，历史不能传续；如果没有文化，社会不会进步；如果没有文化，生活无法想象……××项目以文化为 DNA，以对生活的无比崇敬；

以一个城市的文化中心之姿，以辐射东南亚的文化影响；让建筑拥有精神，于流动的时间中，让生活趋向于"永恒"。

c. 示例3：汇聚撼动城市的商业盛景。

身处中心汇聚资源，才能成就价值王者。××项目屹立滇南财富沃土——××片区核心地段，传统商业核心三角区和传统城市核心历史人文景观三角区的价值重叠区，旅游消费、休闲生活消费、教育消费的聚合之所，享资源中央之利，汇集城市商业繁荣之盛景，价值卓然超群。

d. 示例4：打造城市商业资产基地。

全新投资平台，全新资产升级区，缔造价值巅峰。

××项目——图书、音像、民俗风情商业、会务经济体、创意娱乐休闲集市、5A酒店式写字楼、超五星级地标酒店、都市白金SOHO公寓尖端全业态组合，共铸城市至佳投资地，谱写一个城市的价值传奇。

② 开盘热销阶段广告文案

a. 示例1。国际化过时了，国际文化不会。文化是一个群体在一定时期内形成的思想、理念、行为、风俗、习惯、代言人物，以及由这个群体整体意识所辐射出来的一切活动。

b. 示例2。从经济学角度看，强盛的文化，为经济体带来价值裂变。项目所处国家文化产业示范基地，将融汇国际文化消费核心区、民族文化艺术基地和文化企业孵化器，全面提升城市文化经济地位。强大的经济体，必有重大的文化事件。

c. 示例3。项目拥有八大文化价值空间。符号空间：人文休闲综合性公园。幽雅空间：国际现代化顶端客厅。经典空间：兼容中外的文化长廊。数字空间：昆明独有文化商务区。地域空间：民族、国际文化窗口。记忆空间：历史文化的展示广场。生活空间：高品位生活居住核心。旅游空间：文化性旅游服务基地。

③ 持续热销阶段广告文案

a. 示例1。伏特加对滇橄榄一见钟情；左岸咖啡与云南普洱和平共处；巴西烤肉与小锅米线握手言和；文化需求重计疆界，感官刺激互通有无。在文化与国籍界限消失的城市，带上你的直觉，全方位释放消费欲望。

b. 示例2。迈克·杰克逊和聂耳相见恨晚；李维斯牛仔搭配彝族腰带会更有型；艾米纳姆的RAP与花灯戏异曲同工；城市与文化的中心，让异端彼此走近。以最广域的缤纷，交换你的品位。

（3）要诀三

在撰写各推广阶段的广告文案时，应根据各阶段的推广目的，有针对性地选择围墙广告、折页广告、DM单张、现场展板等广告形式，并根据各广告形式的特点分别撰写广告文案。下面是某二线城市综合体项目预热阶段的广告推广策划。

某项目4号楼商铺销售期广告策略如下。

① 围墙广告。告诉人们：世界综合体的历史及巨大影响力，提升××广场高端形象。

1939年，纽约洛克菲勒中心，美国综合商业时代崛起；

1950年，巴黎拉德芳斯广场，法国综合商业时代崛起；

2003年，东京六本木广场，日本综合商业时代崛起；

2012年，××广场，中国综合商业时代崛起。

② 折页广告。投资折页，教你投资：通过折页广告，全面阐述××广场的商业投资价值。

a. 封面：××项目·资本论。

b. 扉页：××广场，垄断商核资本。

c. 代序。××广场——城市综合体时代的资本宣言。每个时代，都有一个时代的预言。近百年来，全球城市综合体商业模式的崛起，改变了世界大都会人类的居住与消费观。从纽约洛克菲勒中心，到巴黎拉德芳斯广场，再到东京六本木，每一个世界级综合体建筑的崛起，都在预言着这个国度综合体商业时代的到来。

在中国，改革开放以来，历经了城市综合体的萌芽与发展，如今，城市综合体大开发的时代已然到来，××集团，中国地产领航者，27 年来，一直走在中国城市开发的最前沿，2011 年，××集团开启"城市综合体"全球商业战略，打造出融"休闲娱乐商住购"于一体的城市超级综合体商业模式——××广场。

2012 年，中国第一座××广场盛启东莞长安。与此同时，北京，上海，重庆，南京，广州，佛山，深圳……××集团将城市综合体项目布局中华大地 20 多个大中城市。××广场这一品牌，将致力于中国现代大都市超级综合体的开发建设，为中国城市，建筑世界级商业形态；为中国投资者，构筑新一代资本投资模式；为中国消费者，开发融"休闲娱乐商住购"于一体的亚洲商业之都。

××广场，每进驻一城，必繁荣一城，每一个伟大的城市，都将有一座××广场。从繁华到繁荣，从中心到核心，××广场，垄断商核资本，繁荣一个时代。

d. 正文

（a）PART1：品牌，即资本。

中国地产 NO.1，品牌，就是信心；每一个伟大的城市，都将有一座××广场。

（b）PART2：中心，即资本。

商业投资论：中心，中心，还是中心。××广场，垄断中心资本；每个人，都是投资大师。

（c）PART3：地标，即资本。

从法国拉德方斯，到东京六本木……地标性商业建筑，总是吸引着资本的目光。××广场，改变城市投资史。

260m，建筑长安商业地产第一高度。

（d）PART4：聚合，即资本。

37 万平方米城市综合体，全球品牌联邦，亚洲商业之都。集休闲、娱乐、商、住、购于一体，打造大都会生态链，世界第六代城市理想。

2. 媒体推广策划的要诀

二线城市综合体项目媒体策划是指制订各推广阶段的媒体策略以及确定各阶段所采用的媒体。项目媒体推广策划的要诀主要有以下两个。

（1）要诀一

对户外、报纸、杂志、网络、电视台、广播电台等媒体形式的运用策略分别进行说明，具体包括各种媒体的优势、使用频率、报放时间等。下面是某二线城市综合体项目的媒体策划。

① 户外

a. 广告牌。布点南通主城区、G40 高速出入口。根据销售节点，不定期进行画面更换。

b. 围挡和现场指示。非常重要的阵地包装，对现场形象进行提升。

② 报纸、夹报。利用本地媒体《××晚报》《××日报》和《××电视报》的大众影响力，保证其运用频次，尤其在项目重要节点要充分使用。

③ 网络

a. 门户网站的专业频道宣传。门户网站已经成为网民打开浏览器后最先进入并了解各项综合信息的网站，而门户网站也随着发展，建立了不同行业的专业频道。伴随着频道的逐步成熟，各种交流信息和宣传也在相关频道上进行着操作和达成。

因此，通过门户网站这个网民利用最大化的平台去宣传，能起到比较不错的效果。比如：搜狐→房产频道中的郑州地产；新浪→房产频道中的楼市等。

b. 行业网站的友情链接。如果项目的目标客户为中小企业，那么工业地产网站的友情链接和宣传必不可少。在这种专业的行业网站上存在着企业最大和最有效地客户群，通过这种网站能最有效地为企业做宣传，也能最有效地寻找和定位到企业的目标客户。

c. 电子邮件营销模式。通过电子邮件，给中小企业或者企业领导发××投资集团的宣传资料，包括企业和项目的宣传资料等，来达到宣传和推广的目的。

注：在运用此推广模式前，首先应该有××投资集团自己的企业邮箱。如用个人邮箱去做此类宣传，不但会被邮箱自带垃圾功能筛选出来，定性为垃圾邮件，更会对企业形象造成不良影响。

d. 网站推广。这是一种最为昂贵的网络广告，其信息容纳量几乎可以包含整个房地产项目的内容，让消费者可以全面地了解楼盘信息。一般来说，楼盘开发商广告主委托一个著名的房地产门户网站，建立几个自己楼盘的网页页面，并且在门户网站的显眼处做好图片或文字连接，让浏览者点击进入查看楼盘页面。当然，开发商也可以建立自己的服务器和独立的域名，制作自己独立的网络广告网站，但这种费用更大。

e. 通栏广告。为了适应房地产广告信息发布量大的特点，现在比较流行的房地产网络广告是大的横幅广告。这种横幅广告要比一般大小的广告要大得多，一般是横贯整个网页页面，精度也达到了120像素。

f. 擎天柱广告。擎天柱广告是利用网站页面左右两侧的竖式广告位置而设计的广告形式。这种广告与通栏广告有异曲同工之妙，同样是为了满足房地产广告信息量比较大的特点。只是这种广告是竖着位于网页的某一边。当然，房地产网络广告还有很多其他形式，比如 logo 广告、banner 广告。

g. 博客、微博。这里提到的微博，不是企业自己的微博，是中小企业组织或地产界名人相关的微博。

相关的行业组织微博维护者和地产界名人会在国家颁布行业政策的指导方向之前，在自己的微博中提到一些，这样会让行业内很多的企业去关注。如果能让行业组织在微博中提到××投资集团××项目，能加大企业品牌的宣传和推广。

④ 杂志。在本地唯一的楼市专业杂志《××楼市》上发布项目重要节点信息。

⑤ 电视台、广播电台

a. 广播电台。本地××电台在有车族中颇有名气，在其上下班黄金时间密集发布项目信息。

b. 电视台。通过电视台楼市频道发布项目信息，扩大项目传播广度。

户外、短信、网络等媒体可直接带来来人来电量。因此，以上形式建议延续使用。从全年项目品牌形象提升角度考虑，建议可在开盘等重要销售节点前少量使用报广、电台等媒体。同时，新增区域派单拦截，更精准地进行抓客。

（2）要诀二

在进行媒体推广策划时，可以根据各推广阶段的诉求内容，分别确定各阶段的媒体组合及其运用策略。下面是某二线城市综合体项目的媒体策划。

① 认知推广期

a. 媒体策略：以渠道最广的大众媒体覆盖市场，以系列软文和板块炒作为主，快速建立公司品牌形象，建立市场认知度。

b. 诉求内容：区域规划，项目开发理念，形象炒作为主。

c. 媒体选择

（a）网络：××市房产网、搜房、焦点、网易。

（b）户外：高炮广告牌、看板广告牌。

（c）报纸：《××日报》、《××报》。

（d）电视：××电视台（电视短片），机场、写字楼电视（滚动广告）。

（e）杂志：航空杂志。

② 客户积累期

a. 媒体策略：以大量PR活动结合软文炒作，加深公司品牌形象，提高客户认同度。

b. 诉求内容：产品，品牌，开发理念为主，形象为辅，结合开盘前造势。

c. 媒体选择

（a）网络：××市房产网、搜房网、焦点网。

（b）户外：高炮、看板。

（c）报纸：《××日报》。

（d）电视台：××电视台（电视短片），机场、写字楼电视（滚动广告）。

（e）杂志：航空杂志（软文炒作）。

③ 购买冲动期

a. 媒体策略：用硬广＋软文覆盖各个常规媒体及特种媒体，为开盘造势，配合促销活动，打动客户。

b. 诉求内容：开盘信息，推案，产品信息为主，强调客户价值。

c. 媒体选择

（a）网络：××市房产网、搜房、焦点。

（b）户外：高炮、看板。

（c）报纸：《××日报》。

（d）电视台：××电视台（电视短片），机场、写字楼电视（滚动广告）。

（e）广播电台：××交通广播。

（f）杂志：航空杂志（软文炒作）。

④ 持续期

a. 媒体策略：用大量硬广＋软文告炒作开盘骄人业绩，加深市场美誉度。

b. 诉求内容：不断演绎公司成功开盘、火爆销售的信息，以产品卖点为主，配合产品销售信息和招商为辅。

c. 媒体选择

（a）网络：××市房产网、搜房、焦点。

（b）户外：高炮。

（c）报纸：《××日报》。

（d）电视：××电视台（电视短片）。

（e）电台：××交通广播。

（f）杂志：航空杂志（软文炒作）。

⑤ 卖点切换期

a. 媒体策略：硬广＋软文炒作配合老客户带动新客户模式，通过高效率的客户管理，去化商业部分尾盘，促进公寓成交。

b. 诉求内容：反复演绎公司品牌价值体系、火爆销售信息，以公寓产品卖点为主，配合产品销售信息和招商为辅。

c. 媒体选择

（a）网络：××市房产网、搜房网、焦点网。

（b）户外：高炮广告牌。

（c）报纸：《××日报》。

（d）电视：××电视台（电视短片）。

（e）电台：××交通广播。

3. 现场包装策划的要诀

在进行二线城市综合体项目现场包装策划时，可以从项目售楼中心的外围包装与内部分区布置、现场销售人员形象设计、接待动线设计等角度进行项目现场包装策划。下面是某二线城市综合体项目的现场包装策划。

（1）展示中心的设计

售楼中心是未来生活的展示面，深度体现综合体生活理念。

操作要点如下。

① 售楼处设计为商场展示区，通过橱窗等设计，陈列奢侈品以及各种高档商品。

② 外围包装采用商场前常用灯杆等，形成繁华生活象征。

③ 设置投影或内嵌式LED，快节奏滚动播放各品牌商品广告（参考各大商场）。

（2）接待动线设计

① 电话接听岗服务。

② 岗亭及巡逻岗服务。

③ 售楼处门岗迎宾。

④ 品牌展示服务区。

⑤ 影音室服务区。

⑥ 区域模型讲解区。

⑦ 楼梯讲解区。

⑧ 深度沟通洽谈区。

以4P理论为基础，通过不同触点设计，制造最有价值的客户体验。

接待动线设计模式："2＋4"模式，2条主线、4个支撑体系。

主明线1：销售接待流程（工作事务管理）。

主暗线2：岗位规范及监督机制（人员管理）。

4P支撑体系：

① 客户视觉感知（VP）；

② 客户行为感知（BP）；

③ 客户理念感知（MP）；

④ 客户体验感知（EP）。

（3）极致话术设计

始终贯穿项目"综合体价值下奢华生活"的情感诉求主题，通过故事、情境描述客户未来的生活方式，将客户引入价值联想。

（4）"魔鬼"销售

① 要求销售代表了解本案所有进驻商业的背景、产品结构、特色，甚至本季主打货品。

② 奢侈品及艺术品全面培训，提高销售团队的奢侈品及艺术品识别能力，使客户感受被识别、被尊重、被与众不同。

③ 所有销售人员手持PAD记录及展示相关资料。

（5）一级物管展示

① 二对一服务，体现超五星级客户待遇。

② 客户上门预约制。

③ 设置专人接待业内人士。

④ 所有服务人员接受系统培训。

4. 活动推广策划的要诀

在进行二线城市综合体项目活动推广策划时，首先需要明确活动推广目的并制定整体活动推广策略，然后再分别对各推广阶段具体的活动安排进行策划，具体包括活动时间、活动主题、活动形式、活动亮点等。下面是郑州市某综合体项目的活动推广策划。

（1）活动方式：外导入、内体验

借助××集团电子及文化产业资源优势，以此为主题组织各类型推广活动，并在活动过程中充分利用相关产业道具，使客户在细节中体验××品牌影响力。

（2）活动目的：点、线、面、覆盖

采用主题活动、事件营销和持续暖场活动，增加现场的来人来电量，有效达到提升项目知名度及吸引客户到现场看房，促进项目去化。

（3）活动营销策略

全年的活动策略建议分以下三类：提升品牌力、事件营销和每月持续暖场活动，旨在通过活动聚集项目人气，达到迅速认知、强势蓄客、快速去化之目的。

建议全年至少4次大型活动，中小型活动每月1～2次。

活动类型以"微电影巡展"为活动主线，期间穿插"产品推介、亲子、游乐园、电子潮品、家庭"等活动，贯穿全年。

活动节奏以主题性活动为主，结合不间断的暖场活动。

（4）各阶段活动营销策略

① 阶段1

形象推广期："三年成城，感谢郑州"。

推广重点：形象升级，产品升级。

时间节点：2015年2～3月。

本阶段主要活动节点如下。

a."三年成城，感谢郑州"与××携手，共建郑州最美小区。

活动形式：冠名××演唱会，引起市场关注。

活动解读：以户外、硬广、网络等媒介进行集中发布，作为项目亮相期间的事件炒作，以一期实景为活动载体，将园林工艺作为主要的卖点进行推广。

活动亮点：

（a）冠名公众演出活动，利用明星效应、嫁接效应再次奠定整体项目档次；

（b）适时推出相关营销活动，认筹即送演唱会门票来提高认筹数量，营销中心设置艺人蜡像吸引到访。

b."王府井"花开锦艺城，××与您共鉴郑州摩登生活。

活动时间：3月9日。

活动解读：召开××城"王府井"百货签约仪式，利用各种媒体渠道告知全城，必将引发热捧。尤其是对于其他区域的购房者而言，王府井百货的入驻，必将改变市民对于西区的传统观点，引发更多区域客户对于项目的关注。

c. 爱心校车。活动解读：以当今新闻曝光率最高的校车事故为事件背景，资助5～8台爱心校车，借此举引发公益亮点，增强项目及企业的美誉度。

d. 河南省大型公益事业主要参与单位。活动解读：积极投身于2015年郑州市政府、城建部门的重大事件宣传中，以积极响应政府号召投身中原建设的传播力量作为项目给予客户及市场信息的传递。

媒介：软文广告、广播、新闻发布会、网络宣传、DM直投。

e. 养老专项救助基金会。活动解读：与专业养老等机构合作，推出××专项救助基金会，给予企业和项目正面的宣传，易于提升开盘、认筹等活动的号召性，进而奠定项目在市场中的领导地位。

② 阶段2

项目认筹期：明星效应发力，借势聚拢超高人气。

推广重点：奠定物业品质，阐述物业价值。

时间节点：2015年3月。

③ 阶段3

开盘、强销期：再度引发市场追捧，重拾昔日号召性市场地位。

推广重点：物业价值，营销活动。

时间节点：2015年4～12月。

a. ××项目摄影大赛。

活动时间：4月（暂定）。

活动解读：以春季最美景致为契机，一期园林景观为活动地点，全城征集最佳摄影奖。宴请郑州市知名摄影大师前来助阵、点评，作为嘉宾出席此次摄影大赛，通过营销中心现场及网络报名的方式参与摄影大赛，设置三等奖三名、二等奖两名、一等奖一名的奖励名额，最高赢10万元购房款、平板电脑或现金奖励；同时聘请知名模特前来助阵拍摄。

媒介：广播、户外大牌、户外液晶、硬广、DM直投、网络宣传、短信、电话营销。

b. "端午节"赛龙舟、游江南——走进××集团。

活动时间：端午节（6月23日）。

活动解读：利用传统佳节，将成功认购客户及准客户集中邀约，借节假日之际开启"××之旅"，客户全程参与江南之旅，包括龙舟大赛、××纺织工厂参观等项目安排，同时启动老带新的相关政策。

媒介：电话邀约、网络报名、短信等。

c. "××城"2015星球大战。

活动时间：8月（暂定）。

活动解读：将郑州市东、西四至按照"东半球、西半球、北半球、南半球"等区域客户进行划分，启动网络投票系统，四个团队以"量"进行人气比拼，通过填写网络申请表格的形式进行需求征集，最终截止时间后公布人气及报名选房人数最多的团体，可获得住宅起拍价专属优惠及定制爱巢的特权，精装标准以1000元/m²之内为上限，开发商将给予全程定制支持。

媒介：硬广、DM直投、网络、广播、户外、户外液晶、短信、电话营销等。

活动适用期：强销期。

d. 夏日啤酒节。活动解读：以客户感兴趣的教育、投资等问题为切入点，在周末进行暖场活动，聚集人气的同时可适时给予参与客户优惠等措施来促成成交。

媒介：置业顾问电话邀约、广播、短信、网络宣传、适时报广。

活动适用期：开盘期。

e. ××项目斥资打造教育航母，让您的儿女"前途无量"。

建议活动时间：第二次开盘。

建议活动载体：幼儿园、小学。

活动解读：主打教育牌，开盘推出10个全城教育资助（幼儿园-大学）的名额，由成功选房业主抽奖获得，强调活动力度空前，就客户最为关心的教育问题给予全力支持。

媒介：广播、户外大牌、户外液晶、硬广、DM 直投、电话营销、短信、网络宣传。

活动前提：开通网络专属渠道，提供全新的网络营销平台。

活动适用期：强销期。

f. 淘"房"达人（限时折扣）。

活动解读：以全新的虚拟网络平台给予客户限时折扣，将客户群体中刚需客户感兴趣的淘宝网等网购形式引用其中，设定限时折扣、网团类的优惠活动。

g. 网络"嗨翻天"（网络专属优惠）。

活动解读：聘请网络运营公司进行全面运作，将定期的项目活动或者开盘信息进行网络拦截时的信息通报，以"微博成员"或者官方网址的形式出现，迅速吸引大批网络粉丝。

媒介：网络平台、电话营销、短信、适时报广、公共场所（酒吧、电影院等）。

h. "××城"分红计划。

建议活动时间：2015 年 11 月。

建议活动载体：商业部分。

活动解读：启动××城分红计划，力图在萧条背景下树立客户的置业信心，提升项目的整体价值。以商业部分以载体，借助 10 月开业后的消费热浪顺势推出，为每一个成功签约的客户同时签署"分红协议书"，以"倒金字塔"的形式按季度发放商业部分的营利分红，分红年限为 5 年。

备注：一期老业主重复置业才可参与"分红计划"。

媒介：户外、电话营销、短信、口碑传播、广播、DM 直投、户外液晶等。

（5）全年活动编排

本项目的全年活动编排如图 5-4 所示。

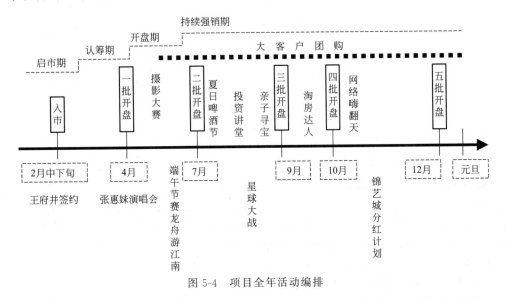

图 5-4　项目全年活动编排

三、二线城市综合体项目推广计划制订的步骤

在制订二线城市综合体项目的推广计划时，一般是先对项目整体的推广阶段进行划分，再分别制订各个阶段的推广计划。

1. 项目整体推广阶段的划分

二线城市综合体项目一般根据项目各物业类型的销售节点进行推广阶段的划分，并对各阶段的推广主题以及推广内容进行简要的说明。下面是某二线城市综合体项目整体推广阶段的划分。

（1）推广节奏（上半年）

本项目的上半年推广节奏如图5-5所示。

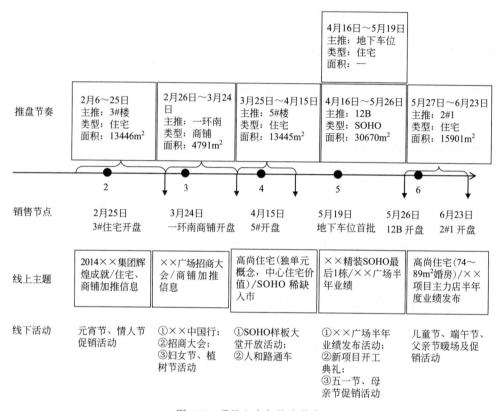

图 5-5　项目上半年推广节奏

（2）推广节奏（下半年）

本项目的下半年推广节奏如图5-6所示。

2. 项目各阶段推广计划的制订

在制订二线城市综合体项目各阶段的推广计划时，应结合各个阶段主要推出的物业类型的特点，制订相应的推广主题、推广策略以及对各种推广方式的综合运用进行详细介绍。下面是某二线城市综合体项目各阶段推广计划的制订。

（1）第一阶段：2月26日～3月24日

① 主推：一环南商铺；面积：4791m²。

② 推广策略

a. 体验先行，借力招商。

b. 利用××中国行（武汉站）增强商铺客户对公司实力认知，以××招商大会签订的商家品牌发布和新项目信息的公布，来提升客户投资库存商铺的信心。

③ 推广主题

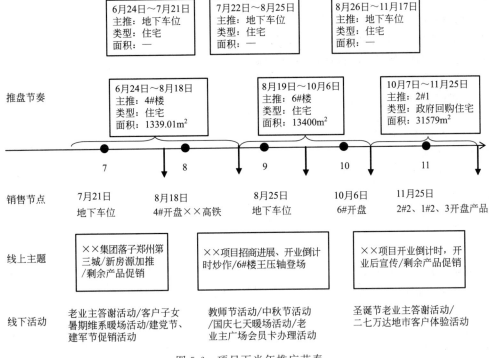

推盘节奏

| 6月24日~7月21日
主推：地下车位
类型：住宅
面积：— | 7月22日~8月25日
主推：地下车位
类型：住宅
面积：— | 8月26日~11月17日
主推：地下车位
类型：住宅
面积：— |

6月24日~8月18日
主推：4#楼
类型：住宅
面积：1339.01m²

8月19日~10月6日
主推：6#楼
类型：住宅
面积：13400m²

10月7日~11月25日
主推：2#1
类型：政府回购住宅
面积：31579m²

销售节点

7月21日
地下车位

8月18日
4#开盘××高铁

8月25日
地下车位

10月6日
6#开盘

11月25日
2#2、1#2、3开盘产品

线上主题

××集团落子郑州第三城/新房源加推/剩余产品促销

××项目招商进展、开业倒计时炒作/6#楼王压轴登场

××项目开业倒计时，开业后宣传/剩余产品促销

线下活动

老业主答谢活动/客户子女暑期维系暖场活动/建党节、建军节促销活动

教师节活动/中秋节活动/国庆七天暖场活动/老业主广场会员卡办理活动

圣诞节老业主答谢活动/二七万达地市客户体验活动

图 5-6 项目下半年推广节奏

a. ××招商大会开幕在即。

b. ××金铺，最后 36 席。

④ 媒介运用

a. 商铺：报广、户外、候车亭、网络；

b. SOHO：短信、网络、DM 直投；

c. 住宅：网络、短信。

⑤ 线下活动

a. ××中国行；

b. 郑州××广场招商大会；

c. 商铺及住宅投资说明会。

⑥ 软文示例 1

"××招商大会" 6 大热点期待揭秘——××金铺再掀投资热潮。

a. 8 大主力店花落谁家；

b. 30％全新商家品牌，郑州没有；

c. 多元业态，助推商业升级；

d. 独有模式＋专业管理，旺场保障；

e. 年底还会爆棚开业；

f. 最后一批商铺，热销成定势。

⑦ 软文示例 2

××项目 8 大主力店敲定，南郑州商业格局或改写。

a. 8 大主力店敲定 6 个，1000 余品牌待被"招婿"；

b. "双千亿"成新筹码, "订单式商业"再发力;

c. 商业格局或将改写, ××区因此多"心";

d. 借势招商大会, ××金铺又火了。

（2）第二阶段：4 月 16 日～5 月 26 日

① 主推：12B, SOHO; 面积：30670m²。

② 推广策略

a. 持续炒作招商成果, 深化住宅产品价值。

b. 持续炒作××招商大会成果及商铺热销, 来提升客户投资剩余商铺及库存 SOHO 的信心, 深化住宅产品独单元及户型。

③ 推广主题

a. ××招商大会盛大开幕。

b. 高尚住宅 5 号楼入市/开盘。

c. ××金铺开盘热销。

④ 媒介运用

a. 住宅：报广、短信、网络;

b. 商铺：网络、短信;

c. SOHO：报广、户外（15 日后）、网络、短信。

⑤ 线下活动

a. 网友专项团购活动;

b. 郊县客户一日游活动;

c. 人和路通车庆典。

⑥ 软文示例 1。××招商大会圆满落幕, 商场满铺率达 95%——××金铺清盘在即。

a. 超 95% 面积名花有主;

b. 30% 全新品牌商家首次进入郑州, 品牌档次超越××项目;

c. 还有 6 个月就开业;

d. "××区商业前景被××项目改写";

e. ××金铺开盘即清盘。

⑦ 软文示例 2。城市中心置业成刚需购房主旋律——××高尚住宅备受追捧。

a. 中心：保值与抗跌性环外难敌;

b. 户型：使用价值至上;

c. 品牌：实力后盾铸就 70 年保障;

d. 热销：楼王组团, 压轴之作;

e. 链接：××高尚住宅楼栋、户型价值全解析。

（3）第三阶段：3 月 25 日～4 月 15 日

① 主推：5♯楼; 面积：13445m²。

② 推广策略

a. 借势公司半年业绩。

b. 强化 SOHO 产品稀缺价值。

c. 炒作××广场半年业绩（经营业绩、来客量、区域价值贡献）, 提升客户投资库存 SOHO 的信心。

③ 推广主题

a. ××项目半年业绩。

b. 绝版 SOHO 仅余 1 栋。

④ 媒介运用。

a. 住宅：报广、短信、网络；

b. SOHO：报广、户外、网络、短信。

⑤ 线下活动

a. 五一节 7 天暖场及促销活动；

b. 母亲节促销活动；

c. SOHO 投资说明会认筹及开盘活动；

d. ××第三城开工典礼活动。

⑥ 软文示例 1。××项目：开业半年，客流突破 800 万——"××项目"全线飘红。

a. 刷新来客人流纪录，创造奇迹；

b. 改变郑州稀缺商业格局；

c. 贡献税收××金额，创造就业；

d. ××项目顺势热销。

⑦ 软文示例 2。××项目：印证"城市中心论"。

a. 城市中心向西"位移"；

b. 周边物业应势升值；

c. 城市品位大幅提升；

d. ××项目投资价值得到验证。

（4）第四阶段：5 月 27 日～6 月 23 日

① 主推：2#1 单元；面积：15901m^2。

② 推广策略

a. 借势××项目主力店半年业绩。

b. 高尚住宅婚房概念。

c. 主打 2# 楼两房卖点（婚房概念）。

d. 通过××项目主力店半年业绩，展望项目未来盛景，提升客户信心。

③ 推广主题

a. ××项目主力店半年业绩。

b. ××项目婚房应市加推。

④ 媒介运用

a. 住宅：报广、户外、短信、网络；

b. SOHO：报广、网络、短信。

⑤ 线下活动

a. 儿童节暖场及住宅促销活动；

b. 端午节老业主回馈及住宅促销活动；

c. 父亲节暖场及促销活动；

d. 2#1 认筹及开盘活动。

⑥ 软文示例 1

××项目：8 大主力店，6 个月卖了×亿。

a. 8 大主力店开业半年，全部实现盈利；

b. 部分商家年内收回投资成本；

c. 带动周边，形成人流互动；

d. 城市品位因此提升；

e. 主力商家寄语：期待××项目更繁华。

⑦ 软文示例2

××项目再掀"婚房热"。

a. 各地掀起结婚潮，婚房刚需井喷；

b. 品牌企业成就幸福保障；

c. 高尚住宅凸显性价比，为婚房需求量身定制；

d. 全面满足年轻人生活工作需求。

（5）第五阶段：5月27日～6月23日

① 主推：4♯楼；面积：1339.01m²。

② 推广策略

a. 借势××第三城新闻炒作。

b. 中心景观华宅价值深化。

c. 利用××第三城进行炒作，深化公司品牌与实力，4号楼"中心景观华宅"概念解读。

③ 推广主题

a. 公司落子郑州第三城。

b. 高尚住宅4♯新品加推。

c. ××项目招商进展。

④ 媒介运用

a. 住宅：报广、户外、短信、网络；

b. SOHO：报广、网络、短信。

⑤ 线下活动

a. 建党节、建军节暖场促销活动；

b. 暑期业主维系活动；

c. 老业主主力品牌店会员卡办理活动。

⑥ 软文示例1。公司落子郑州第三城，引发业界热议。

a. 猜测：规模业态是否能有新超越；

b. 郑州五个××广场，稳步迈进；

c. ××豪宅系列产品获奖，亮相郑州；

d. 郑州再多一中心，××环状格局形成；

e. ××项目备受追捧。

⑦ 软文示例2。××项目颠覆传统楼市淡季，开盘热销95％。

a. 暑期楼市新热点；

b. 大品牌销售一反常态；

c. 刚性需求和楼市淡旺季无关；

d. ××产品贴合刚性需求；

e. ××项目劲爆销售。

（6）第六阶段：8月19日～10月6日

① 主推：6♯楼；面积：13400m²。

② 推广策略

a. 借势项目开业。

b. 北区楼王推出。

c. 项目开业信息作为市场焦点，拔升项目关注度。

d. 北区楼王卖点解读（超大楼距、全明户型、四面观景等）。

③ 推广主题

a. ××项目盛大开业。

b. 6#楼楼王压轴推出。

④ 媒介运用：报广、户外、短信、网络。

⑤ 线下活动

a. 教师节促销活动；

b. 国庆节 7 天暖场及促销活动；

c. 中秋节客户答谢活动；

d. 项目开业活动。

⑥ 软文示例 1。90％装修完工，郑州进入××项目时间。

a. 开始倒计时；

b. 90％商家装修完工；

c. 最后检验正在进行；

d. 下周开始试运营；

e. ××项目备受追捧。

⑦ 软文示例 2。××项目开业在即，中心楼王备受追捧。

a. ××项目开业在即；

b. 90％商家装修完工；

c. 6#楼楼王压轴推出；

d. 楼王价值值得期待；

e. ××项目备受追捧。

（7）第七阶段：10 月 7 日～11 月 25 日

① 主推：2#1；面积：31579m²。

② 推广策略

a. 借力项目开业火爆态势。

b. 全面实现剩余产品促销。

c. 以项目开业火爆状态作为市场焦点，实现项目品牌落地。

d. 剩余产品促销。

③ 推广主题

a. ××项目爆棚开业。

b. 高尚住宅仅余××套。

④ 媒介运用：报纸广告、户外、短信、网络等。

⑤ 线下活动

a. 圣诞节答谢及促销活动；

b. 迎新春促销活动。

⑥ 软文示例。××项目爆棚开业，一天吞吐 30 万人。

a. 满场开业仅用 18 个月；

b. 30％品牌商家和××项目不同；

c. 万达品牌成就保障；

d. 持续良好，商业运营价值体现；

e. ××项目全线热销。

第二节

二线城市综合体项目如何进行销售执行策划

二线城市综合体项目销售执行策划是指为保证项目各销售型物业的成功销售而进行的销售目标与销售计划制订、总体销售策略制订、销售模式确订、销售价格制订、销售价格优惠方式建议、销售管理建议等。下面将分别对上述各项策划工作的要诀进行详细的说明。

1. 销售目标与销售计划制订的要诀

在制订二线城市综合体项目具体的销售策略之前，首先需要明确项目的销售目标并制订项目的销售计划。在制订项目的销售计划时，应利用好综合体项目各物业之间的相互促进作用，合理安排各类型物业的销售顺序。下面是某二线城市综合体项目的销售目标与销售计划。

（1）年度销售目标

本项目的年度销售目标见表5-2。

表 5-2　项目年度销售目标

批次	楼号	体量/m²	均价/(元/m²)	销售率/%	销售额/万元
第一批	二期7号楼东单元	71087	7200	100	53315
	二期8号楼东单元		7200	100	
	二期13号楼		7400	100	
第二批	二期10号楼	12608	7300	100	47987
	二期17号楼	20450	7000	100	
	三期3号楼	35496	6700	80	
第三批	二期16号楼	30318	8000	80	36437
	三期4号楼	23664	6900	100	
第四批	二期商业	5400	25000	70	9450
第五批	二期11号楼	20450	7500	60	19102
	二期18号楼	20450	7000	60	
第×批	写字楼东塔	28500	7300	60	12384
	写字楼西塔	28500	7000	80	15960
	A组底商	5113	26000	100	13294
合计	—	262487(按照销售率核算)	—	—	207930

（2）销售计划

三期为主，二期为辅，写字楼、商业同步热销。写字楼首推东塔，其认筹及解筹在此过程中穿插进行。本项目的销售计划具体如图5-7所示。

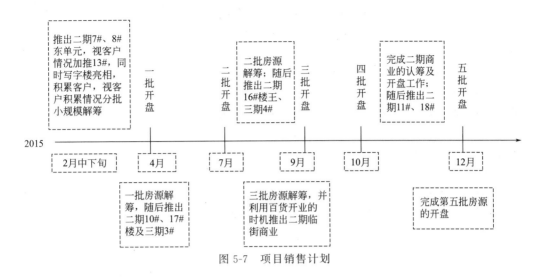

图 5-7　项目销售计划

2. 总体销售策略制订的要诀

二线城市综合体项目可能包含住宅、公寓、酒店、商业等物业类型，在制订项目的总体销售策略时，应根据各物业类型的特点，分别制订适合各物业的有针对性的销售策略。下面是某二线城市综合体项目的总体销售策略。

（1）酒店式公寓总体销售策略

酒店式公寓作为××广场先行入市的形象代言，是项目的启动点，重中之重。针对酒店式公寓的销售，制订了具有针对性的三大销售策略。

① 品牌互动。利用签约入驻酒店管理公司、规划设计公司等品牌组合，提升整个项目品牌附加值。

② 区域营销

a. 扩大客户的覆盖范围，通过网络营销、异地设置第二售楼处等，加强对惠阳、惠城、大亚湾、深圳、东莞等发达区域的重点联系。

b. 资源共享著名酒店管理公司的高端客户资源，针对性地对大亚湾、惠阳、深圳知名企业驻惠管理、科技人员进行点对点宣传推介。

③ 服务竞争

a. 赋予项目服务配套差异化，以星级服务办公楼和商务资本平台作为项目核心竞争力。

b. 赋予项目物业功能差异化，在软性配套上实现与写字楼、商务公寓互动。

（2）商业部分总体销售策略

① 形象先行，造市先造势。

② 一层招商与销售同步，迅速回笼资金。

③ 二、三层独立铺招商与销售同步，迅速回笼资金。

④ 二、三、四、五层招商先行，销售跟进。

⑤ 各层主力店同期招商，定向开发。

⑥ 与上盖物业相呼应。

3. 销售模式确定的要诀

二线城市综合体项目常见的销售模式有传统营销、精准营销、体验式营销、事件营销等，策划人员应根据项目销售的实际需要，并综合分析各销售模式的优缺点之后，确定最适合项目的销售模式。下面是某二线城市综合体项目销售模式的确定。

传统的营销模式已经不能适应现阶段房产销售需求，在这样的环境下，需要崭新的营销思路和营销模式来打破这一僵局，这为综合营销提供良好的发展契机。

通过对项目及近期市场情况和已经成交和到访客户的分析得出，综合的营销模式是当下最具有效果的一种营销模式。

（1）传统营销

来人→介绍→满意/不满意→满意成交；不满意离开。

（2）精准营销

通过高科技媒体传递意向客户转来人→介绍/跟踪→通过 PPT 提报格式/推荐会提高满意度→满意成交；提高客户转化率。

（3）体验式营销

来人→介绍→客户体验（通过样板房、样板段体验)→满意成交；不满意离开。

（4）事件营销

通过事件转化来人→介绍→满意成交；不满意离开。

（5）综合营销

以上四种营销方式中各有优缺点，如果能将四种营销手法一起使用，将会在销售过程中大大提升效率。

事件营销提升现场人气，媒体传递意向客户转来人→介绍/跟踪锁定意向客户→通过 PPT 提报格式/推荐会提高满意度→体验式销售进一步加强客户的认同感，从而有效地提升客户的转化率→满意度提升→成交/不成交→项目的美誉度，客户转介绍。

现阶段客户资源稀缺的情况下，通过综合营销模式有效提升客户转化率是增加客户基数的另一手段。

4. 销售价格制订的要诀

为了制订有竞争力的价格体系，在制订二线城市综合体项目的销售价格时，首先应明确项目的定价原则，然后结合项目的实际情况选择采用市场比较法、盈亏平衡定价法等定价方法确定项目的销售价格。

在采用市场比较法确定项目的销售价格时，应先对区域内竞争对手住宅、公寓、写字楼等各物业类型的销售价格进行调查，然后综合考虑价格的影响因素后分别确定各物业类型的价格。下面是某二线城市综合体项目的销售价格的制订。

（1）定价原则

① 二期产品保持项目原有的价格体系，并做小幅上扬走势，给予置业信心支持。

② 三期产品以走量为主，重点参考市场竞争项目，并与二期产品保持一定的价格差距，制订有竞争力的价格体系。

③ 写字楼高调亮相后主力消化西塔楼，与东塔楼拉开一定价格差距，投市场所需，搭配销售。

（2）市场比较法定价

结合市场的动态及宏观因素来衡量价值体现。基于项目的实际情况，建议采用常规市场比较法进行定价。

首先，分析项目所在区域的竞品价格。项目所在区域的竞品价格见表 5-3。

表 5-3　区域竞品价格

项目名称	住宅/(元/m²)	公寓/(元/m²)	写字楼/(元/m²)
××新城	两居 7500、三居 6800(特价三居 6200)	6800(精装)	8500～9000

项目名称	住宅/(元/m²)	公寓/(元/m²)	写字楼/(元/m²)
××国际中心	两居 6800、三居 7200	5800	8300
××上郡	两居 8200、三居 7000～8000	8500	—
××御府	两居 9000、三居 9300	—	—
××城	两居 5300、三居 6200	—	—
××明钻	两居 6600、三居 5700	—	—
××一品	两居 6300、三居 5700	—	—
××国际广场	—		7800～9000
××soho	7400	7200（精装）	

① 总体均价影响因素

a. 二期：目前，二期即将全线封顶，产品素质当属锦艺城之最，受到一期价格杠杆的提升影响，为培育和稳固市场信心，其价格理应顺势而上，再创新高。

b. 三期：三期目前为期房，且产品素质相对较差，在资源共享的情况下，小区域内的价格竞争激烈。

c. 写字楼：工程接近尾声且开通了样板层为销售助力，但区域市场需求过小导致去化缓慢等潜在威胁。

② 整体均价：二期产品 7200～7500 元/m²；三期产品 6500～6700 元/m²；写字楼产品 7000～7300 元/m²。

5. 销售价格优惠方式建议的要诀

二线城市综合体项目销售价格优惠包括开盘优惠和阶段性促销优惠。在对项目阶段性促销优惠的方式进行建议时，应根据不同销售阶段、不同房源类型分别制订不同的优惠方式。下面是某二线城市综合体项目的销售价格优惠方式建议。

（1）开盘优惠建议

开盘优惠方式一：5 万抵 10 万；日进千金；开盘当天签约享受 99 折扣；一次性付款 99 折扣。

开盘优惠方式二：5 万圆梦基金；5 万抵 10 万；开盘当天签约享受 99 折扣；一次性付款 99 折扣。

开盘优惠方式三：10 万家装基金；开盘当天签约享受 99 折扣；一次性付款 99 折扣。

具体开盘优惠政策根据情况及时调整。

（2）阶段性促销建议

方式一：与大型主题网站进行合作，推出团购优惠，团购即享受 88 折优惠（优惠对指定的房源进行折扣）。

方式二：周边楼盘价格竞争激烈情况下可以阶段性地进行购房送装修，或者送家电基金，在原有折扣基础上送 10 万元装修或者家电基金（针对特定房源）。

方式三：特定的月份对购房者进行一定的优惠政策，比如暑期购房教师可以享受 10 万元的辛勤园丁购房赞助金。

方式四：阶段性对一些较差房源进行特价房处理，一方面可以去化鸡肋部分房源，同时可以吸引一定的客户到现场，增加客户数量，通过现场其他手段进行逼定。

方式五：配合营销活动节点阶段性地进行一些促销。阶段性的促销方案有助于房源快速去化和积累有效客户，同是也作为市场的应急方案，一旦市场出现状况，可以第一时间做出反应，抢占客户资源。

6. 销售管理建议的要诀

二线城市综合体项目销售管理建议可以从销售团队建设管理和现场管理两个方面进行建议。销售团队建设管理建议主要可以从销售人员培训、考核、日常管理制度等角度进行建议。现场管理建议可以通过提出多种管理方式进行优劣势比较之后，建议项目可以采用的方式。下面是某二线城市综合体项目的销售管理建议。

（1）团队建设

① 培训。从基础知识开始拉开新一轮的培训工作，培训主要围绕现场实战展开，针对现场使用较多的电话营销技巧、现场讲解技巧、现场 SP 技巧方面展开，培训结合考核一起进行。

② 思考。要求销售人员对于本项目有一定的思考，同时要求销售人员整理出项目的 50 大优势，通过与客户沟通讲解更好地把握客户。

③ 个人思想工作。每月与销售人员分别进行谈话，主要是了解销售人员最近的思想动态如何，工作生活过程中遇到的困难，帮助销售人员解决问题，提高销售人员对于本案场的忠诚度和信心。

④ 分组对抗。将销售团队分组，每组一名组长，在组长带领下进行对抗，评选出优胜队和优秀员工，对于优秀员工进行奖励，对于较差员工进行处罚和鼓励。

⑤ 紧抓销售人员的服务意识。通过案场制度严格要求销售人员，强调销售人员的服务意识和服务理念。

⑥ 每周进行书面考核。考核内容主要是项目相关知识和房产知识及相关服务理念，对于考核不合格人员进行处罚和鼓励教育。

⑦ 建立迎来送往制度。销售人员送客必须送至车门前看客户离开以后方可离开，老客户到现场的尽量出门迎接客户。

⑧ 强调服务营销概念。通过服务打动客户，增强客户信心。

⑨ 早晚会制度加强落实。早会提升士气和精神面貌，晚会解决客户问题和梳理客户，简单培训。

（2）现场管理

服务模式：联合代理。

进场时间：合同签订后两周人员进场。

方式一：统一现场管理，因为采用的是联合营销的模式，现场管理非常重要，统一的现场管理有助于后期的工作开展，避免出现争抢客户现象发生，也避免出现问题相互推脱，有利于整个项目的运作。

方式二：各自团队各自管理，因为彼此熟悉各自的工作流程和方式方法，在实际工作过程中有一定的好处，可以加快工作效率；但是其弊端太多，如不利于案场稳定，在销售过程中出现问题相互推脱等，不利于现场流程管控。

以上两种方式建议采用第一种方式，这样有助于案场稳定和流程管控，避免一些不必要事情的发生。

第六章

二线城市综合体项目如何进行经营管理

二线城市综合体项目经营管理是项目收益和物业价值提升的源泉，它是指为实现项目的长久盈利而进行的管理。根据二线城市综合体所开发的物业类型，其经营管理主要包括商业（零售商业）的经营管理、写字楼的经营管理、酒店的经营管理、公寓住宅的物业管理等。本章以二线城市综合体项目商业的经营管理为例，主要对商业物业经营管理的要点要诀进行介绍，具体包括商业经营管理策略的制订、商业经营管理公司的组建、商业物业营运管理、商业物业管理等内容。

第一节

二线城市综合体项目如何制订
商业物业经营管理策略

二线城市综合体项目商业物业能否保持稳定的发展与持久的盈利，对项目其他住宅、公寓、写字楼、酒店等物业的租售有着重要的影响。二线城市综合体项目商业物业的成功招商与销售并不代表着工作的结束，相反地，为了保证项目能够可持续地稳定发展，并实现开发商、投资者、经营管理者、商户等多赢的目标，必须精心筹划项目的经营管理工作。首先，需要明确商业物业的经营模式、经营管理的权益关系、商业物业的盈利模式等。

一、商业物业常见的经营模式及其特点

二线城市综合体项目商业物业既可以采用统一经营管理的方式，也可以采用由各个业主各自经营的方式。开发公司一般会根据自身的资金实力与开发项目的规模档次来选择适合的经营模式，比较常见的商业物业经营模式主要有以下五种。

1. 零散销售、统一经营管理模式的特点

零散销售是目前大部分开发公司采取的方式。商业物业的分割出售，就意味着其在所有权和经营权上都被彻底分割，失去了它的整体性。商业物业被零散销售后，一般有两种选择：一是由开发公司招一家或多家主力商户，采取返租的形式对全部或部分物业统一经营；二是由各个业主各自经营，开发公司提供指导意见并实施物业管理。

这种模式的优点是开发公司能很快收回投资，单位售价很高，同时能保证商场经营规范

和经营档次，适合规模较大、潜力大的物业。采取这一方式存在的风险是，由于整体商业物业被拆成一个个小块，给日后的商业经营管理埋下隐患，一旦经营业绩不佳，不仅开发公司品牌受损，住宅物业的品质下降，业主和投资者也不能获得稳定的租金收益。

2. 零散销售、各自经营管理模式的特点

这一模式非常适合规模不大、档次一般的物业。采用这种模式的优点是开发公司能尽快收回投资，且平均售价较高；风险是开发公司缺乏对商业物业的整体控制力，散户自身调节的经营风险很大。因为一个整体性差、经营格局紊乱的商业物业是不会有好的效益的，由于缺乏主力店，业主受短期利益驱动、各自小规模经营很容易使整个商业物业的实际回报与预期收益相差甚远。另外，商业档次的下降有可能导致住宅物业价值的下跌。

3. 整体出售、整体经营管理模式的特点

如果开发公司急于收回投资，他们往往通过拍卖或其他形式将自己的物业出售给商业经营管理公司。这些开发公司往往对商业经营管理不熟悉，也不准备进入商业领域，企业实力较弱，有一定的资金压力。购买者往往是对商业投资运作非常熟悉、资金实力雄厚的公司。这种模式适合于规模较小、档次一般的物业。其优点是开发公司能尽快收回投资，风险较小，但由于一次性投入过大，与购买者谈判有一定难度，所以往往整体售价较低。

这一模式的一个变化是采取先租后售、租金抵房款的方式进行，即在首付一定的现金之后，用每年的房租逐年抵算房款，实际上是一种按揭分期付款的方式。与一次性付款相比，这种方式的优点在于能够和经营者共担一部分风险，因而会吸引更多的投资者，有利于谈判的进行；缺点是开发公司承担了一部分风险，资金回笼慢。

4. 整体出租、整体经营管理模式的特点

采取这一模式的开发公司往往实力雄厚，并且与国内外著名大型商业品牌特别是连锁超市在投资开发前便组成了战略联盟。国际和国内的大部分知名商业经营者往往采取租赁的方式与开发公司合作，比如沃尔玛、家乐福、苏宁电器、国美等，其租期比较长，一般是10～20年。与著名零售企业合作的优点是合作时间很长，收益稳定，风险较小。

这一经营模式的另外一个模式是"租售"结合。其特点是整个商业物业被拆成两部分，大部分以较低价格出租给商业巨头，小部分则拆零高价销售、各自经营。主力商户的进入，可带来极大的客流，将极大地提高其他物业的租金或售价。

5. 零散出租、各自经营管理模式的特点

与"整体出租、统一经营"模式相比，采取这一经营模式的物业一般处于黄金地段，不需要"主力商户"入住来提高物业档次。开发公司的租金回报率较高，对商业物业拥有控制权，可以保证商业物业经营特色和档次，租赁的对象往往是国内国际著名品牌。

二、商业物业经营管理权益关系的确定

二线城市综合体项目商业物业经营管理策略制定需要解决的主要问题是：根据具体项目的特点与整体的市场环境，处理好投资者、经营者和管理者的利益关系。其中涉及的权益关系主要有：

① 所有权——投资者与开发公司之间的比例分配关系；

② 经营权——统一经营或者分散经营；

③ 管理权——商业经营管理公司在商业物业管理中的责权利的界定；

④ 收益权——主要是物业所有者与物业管理者对于租金收入的分配问题。

表6-1是商业物业经营管理权益关系，表6-2是不同方式权益关系对商业物业的影响。

表 6-1　商业物业经营管理权益关系

比较项目	所有权	经营权	管理权	收益权
方式一	物业全部销售，所有权由投资者所有	由投资者自主经营，或者独立招商	物业经营管理公司只有最简单的物业管理职能	租金收益全部归投资者所有
方式二	物业不销售，全部由开发商所有	由一个商家统一经营	由统一经营商家负责	开发商获得租金收益
		统一招商、分散经营	引入专业的商业经营管理公司管理	租金收益在开发商与商业经营管理公司间协商分配
	部分销售，部分开发商保留	销售部分、独立经营	由统一经营商家负责	投资者获得租金收益
		统一招商、分散经营	引入专业的商业经营管理公司管理	租金收益在开发商与专业招商公司间协商分配

表 6-2　不同方式权益关系对商业物业的影响

比较项目	开发公司资金压力	长期租金回报	开发风险	总体投资收益	统一管理、形成整体商业氛围	操作难易程度	对于专业商业经营管理公司的要求	对于引入大型主力店的要求	适应的商业发展阶段	对于物业的要求
方式一	回收项目投资快	无	低	较低	产权分散难于统一管理	操作简单	一般不需要专业的商业经营管理公司介入	无要求	适应于商业发展初级阶段	物业类型相对简单
方式二	投资回收期长，开发商资金压力大	长期租金回报较高	较高	较高	便于统一经营管理形成整体的商业氛围，提升项目整体的吸引力	操作管理能力要求高	要求有品牌号召力和强大的整合商家资源的能力，是商业经营的高级阶段	需要有相应的大型商业主力店	适应于商业发展中高级阶段	物业规划设计建筑一般比较复杂

三、商业物业盈利模式的确定

二线城市综合体项目商业物业的盈利模式主要有以下几种。

（1）自营收益

自营收益是指自行组建专业团队，进行经营管理，独立承担经营风险，从而获取经营利润，收益回报率较高，具有较大的风险。

（2）联营收益

联营收益是通过计算机系统（POS）统一收银，与商户风险共担、利润共享。按销售额比例分成获取收益，通常会伴随经营者的业绩好坏波动，较为不稳定，如果市场情况良好，可以给项目拥有者带来超额的收入；保底＋抽成的方式，即定出一个基准租金作为保底数，在此基础上按营业额抽成，从而获得相对稳定的收益。

（3）租金收益

租金收益是指给租户提供符合基本工程条件的经营场地，从而通过收取固定租金获得的收益。此操作不涉及经营，适用的品类较广，收益相对稳定，风险低，对于项目长期评估测算较为容易，运作也相对容易。

（4）合资公司收益

合资公司收益是与专业运营公司共同出资成立商业经营管理公司，共同经营管理项目，并按各自出资比例分享利润，从而获取的收益。

第二节

二线城市综合体项目如何组建商业经营管理公司

对于进行统一经营管理的商业物业，房地产开发公司需要自己组建或者委托专业的商业经营管理公司专门负责项目的商业经营管理。

一、商业经营管理公司组建的常见模式

二线城市综合体项目商业经营管理公司组建的模式有多种，房地产开发公司应根据项目的实际情况，选择一种最适合本项目发展的经营管理模式。商业经营管理公司组建的常见模式主要有委托经营管理模式、自主经营管理模式、合作经营管理模式，下面对各种模式的优缺点分别进行说明。

1. 委托经营管理模式

二线城市综合体项目商业物业委托经营管理有以下几种模式。

（1）物业管理与经营管理分离，由不同的公司主体进行操作

优点：能充分发挥专业公司的优势。

缺点：由于两个工作范畴之间的关系紧密，导致两个操作主体之间的工作内容必然存在交叉和重叠，因此部分责、权、利关系易于混淆，容易产生矛盾，从而引起物业管理公司与经营管理公司互相争夺利润、推卸责任，各自为战，极大地打击了经营户的经营积极性。商户不知道谁负责解决什么问题，对项目的顺畅运营和持续发展大为不利。

（2）物业管理由物业公司负责，经营管理由专业公司提供顾问意见或驻场代表，由物业公司进行统筹操作

优点：避免物业管理与经营管理工作分离给实际操作工作带来的一系列问题，使各项物业管理和经营管理工作开展得比较顺利，另外，也能够在一定程度上得到专业公司的意见，以弥补物业公司在经营工作上的欠缺。

缺点：目前很多项目更多地考虑利用专业公司品牌作用，借用其丰富的客户资源促进招商或销售工作，而实际利用其专业意见仅限于项目前期而已。

（3）聘请专业公司进行全面的经营管理工作，即实行专业公司承包做法，房地产开发公司每月收取固定费用，至于管理公司的盈亏由专业公司负责

优点：最大限度地给予专业公司经营管理的空间，专业公司承包工作包含了物业管理和经营管理两大部分内容，可发挥其专业优势，且房地产开发公司也可有固定的微利回报。

缺点：房地产开发公司对商业物业经营管理的监控力度较小，且当商业物业出现经营不善，商户拒交租金、物管费等问题时，房地产开发公司不仅无法收到微利的回报，更可能需要出面收拾残局。可见，这种模式在一定程度上受房地产开发公司和经营者心态的影响，如果房地产开发公司对由专业公司操盘会产生较大利润存在很大希望，忽视商业经营规律，这样很可能会失望而归；而如果专业公司的经营管理较为短浅，限于眼前利益，那么结果也会

得不偿失。

2. 自主经营管理模式

自主经营管理模式是指由房地产开发公司单独组建商业经营管理公司，对物业实行全面经营管理。

优点：房地产开发公司通过从社会上招聘有相关经验的专业人才，组建商业经营管理公司，实行自行操作。商业经营管理公司的管理内容涵盖经营管理和物业管理，两大管理紧密联系，相互配合，在管理上形成一个统一的整体。通过组建商业经营管理公司，可使经营利润最大化；另一方面，也可使房地产开发公司全面经营管理自身的物业，经营权和管理权同属一家公司，不存在利润的争夺和责任的推诿，责任到部门，责任到个人，同时也不会造成公司对外口径不统一，便于统一管理。这种方式对房地产开发公司的长远发展目标有着深远的意义。

缺点：不能确定招聘来的人员能否符合公司发展要求，专业知识是否过硬等，且需要一段的时间整合，将他们的经验融合在一起。

3. 合作经营管理模式

合作经营管理模式是指由专业公司与房地产开发公司共同组建商业经营管理公司，对项目实行统一的全面经营管理。

优点：这种方式通过专业公司与房地产开发公司合作，形成独立核算实体商业经营管理公司，管理内容包括物业管理和经营管理，这样可充分发挥双方的积极性，使项目经营管理效益最大化；一方面可最大限度利用专业公司的优势，另一方面也可体现房地产开发公司对经营管理的监控力度，且全程参与经营管理工作，在合作中积累经验，加快自身成长。

缺点：这种合作模式的前提在于合作双方明晰风险和利润，避免推诿责任和利益矛盾。

二、商业经营管理公司的组织架构设置与部门职能说明

由于商业经营管理公司组建方式的不同以及结合具体二线城市综合体项目商业经营管理的实际需要，商业经营管理公司的组织架构与部门设置也会有所差异。商业经营管理公司一般会设置的部门主要包括招商部、营运部、企划部、客服部、行政人事部、财务部、物业管理中心等。下面是某二线城市综合体项目商业经营管理公司的组织架构与部门职能设置。

（1）公司组织架构设置

本项目商业经营管理公司的组织架构设置如图 6-1 所示。

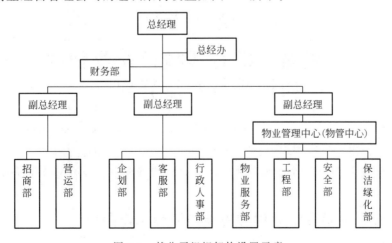

图 6-1　某公司组织架构设置示意

（2）公司部门职能说明

公司设总经理1名，副总经理3名，下设九大部门，其中财务部由总经理直接负责监管。

① 行政人事部的职能

a. 根据公司经营目标和规范管理的要求，建立和完善人力资源管理体系，对公司人力资源进行有效配置并合理开发，实现人力资源的持续增值。

b. 建立和完善行政管理体系，为公司领导及各部门提供良好的服务保障及后勤支持，实现公司经营计划和制度建设的有效管理和执行落实。

c. 建立和健全法律风险防范机制，防范和化解公司经营管理过程中的法律风险，提高公司依法经营管理和依法维权的能力及水平。

d. 根据公司的战略发展需要，规划、实施、管理和维护公司信息管理系统、网络系统，利用信息化技术工具为公司经营提供帮助。

② 财务部的职能

a. 按照公司战略目标和财务管理要求，负责对公司业务进行准确核算，及时跟踪预算及编制经营分析报告等。

b. 在经营过程中实施财务监督、管理等工作，确保公司资产安全有效。

③ 招商部的职能。根据公司的战略规划，建立和完善招商管理制度和业务流程，对商业地产项目进行定位和品牌的招商工作。

④ 营运部的职能。根据公司的战略目标，以销售业绩为中心，以商家管理为重心，通过加强现场管理、商户管理以及促销推广活动的开展，营造良好的经营氛围与环境，打造和巩固项目高端的市场定位与形象，最终推动销售业绩的提升。

⑤ 企划部的职能。依据项目市场定位及经营目标，结合消费者及商家需求，负责商场的整体形象推广、内外氛围布置、广告宣传管理及营销活动统筹，以提升并保持项目在行业内的高端时尚定位，建立知名度和美誉度，吸引增量客流，营造优雅舒适的购物环境，从而提升销售额。

⑥ 物业管理中心的职能。根据项目运营需求，保持项目设施、设备、环境、安全、消防等服务系统正常及有效运作，不断改善实现可持续发展，打造商业物业管理标杆，为项目的运营提供可靠的后勤保障。

第三节

二线城市综合体项目商业物业
如何进行营运管理

二线城市综合体项目商业物业营运管理是指为了营造良好的经营氛围与环境，由商业经营管理公司营运部以及物业管理中心、企划部等多个部门的协同配合与支持来加强现场管理与商户管理，具体包括开业前的营运管理、开业后的现场营运管理以及租户的沟通协调管理等。

一、商业物业开业前营运管理的主要内容与工作要点

二线城市综合体项目商业物业开业前营运管理的内容主要包括相关物料的准备与文件资

料的编制、营运人员与营业员的培训、商户入驻手续的办理以及开业前的检查等工作内容。

1. 相关物料准备与文件资料编制的工作要点

（1）相关物料的准备

商业经营管理公司营运部在开业前一个月进行营运相关物料的准备，具体包括下面几类。

① 总服务台用品；开业前广播设施、电脑设备、广播稿的准备；礼品包装用品；服务用品；医疗应急用品；背景音乐资料；婴儿车、残疾人车、营业员打卡机等。

② 办公用电脑、工牌、对讲机等。

③ 商户经营用物价签、价签托、销售小票、员工牌等。

④ 营销活动用花车、POP、POP 支架、手提袋、促销证、隔离带、围挡布、公告牌、易拉宝等。

（2）文件资料的编制

① 各类表单的制作与交付印刷。

② 经营管理公约、商户手册、营业员手册等相关文件的编制。

2. 营运人员与营业员培训的工作要点

（1）营运人员的培训

① 培训的内容包括营运部职能及相关工作模块、营运手册、开业前营运准备等。

② 营运人员岗前必须参加由公司行政人事部和营运部统一举办的入职培训，考核通过后方可上岗。

③ 定期对所有营运人员进行工作考核和业务恳谈，就工作中的情况进行及时的指导和培训。

④ 营运人员必须按照要求参加公司统一举办的其他培训，包括安全、消防培训。

⑤ 公司领导对营运部就营运培训计划的执行进行督察。

⑥ 营运部必须进行开业试运转模拟演练，演练的内容包括：

a. 开闭店流程（包括晨会）模拟；

b. 根据服务台的功能逐项进行服务台模拟演练；

c. 必须制订开业前期营运巡查线路，并根据巡场路线图进行营运巡查；

d. 配合企划部进行内外环境布置；

e. 开业庆典流程模拟。

（2）营业员的培训

① 所有营业人员进场前必须经过审核，审核的内容包括：仪容、仪表、行为举止、基本商业知识、健康状况等。

② 营业员进场培训，培训的内容包括项目简介、商户手册、服务标准和行为规范、营运标准和营运安排等。

③ 培训结束后，商业经营管理公司必须对营业人员进行考核，考核合格者方能上岗，不符合要求者退回各商户。

3. 商户入驻手续办理的工作要点

（1）商户档案接管

① 由营运部、财务部、工程部联合组成入驻小组，由营运部主要负责人员的组织、安排与协调。

② 首先由销售部、招商部整理商户档案，进行归档和初登记，汇总后报到入驻小组、营运部商户档案管理员或客服部档案管理员处。

③ 入驻小组（前期大批量入驻）或客服部（后期零散商户入驻）接收到商户档案（原则上档案的保管由营运部的保管员统一管理）后进行汇总登记。

④ 根据营运部的统一安排，在规定时间内确定入驻时间，准备通知商户的准备工作。

⑤ 入驻时间主要依据是在租赁合同中所规定的时间，如与合同中时间不符，要提前15～30天通知商户，避免发生不必要的纠纷。

（2）商户入驻接待

① 大厅内卫生情况良好。

② 设施设备运行正常。

③ 合理安排大厅内的滞留人员，保持大厅内始终处于良好秩序。

④ 接待台面整洁，所需物品摆放整齐、美观。

⑤ 工作时思想集中，保持谨慎的工作态度。

⑥ 接待人员上岗要按规定化妆、修饰，着工装。

⑦ 仪容仪表端庄、整洁、精神饱满，禁止面带倦容、情绪低落的状态上岗。

⑧ 给来办理入驻的业户提供服务要主动、热情、耐心、周到，回答问题要得体、明确。

⑨ 注意礼节、讲究原则。接待要讲究礼貌，要克服服务工作低人一等的思想，要认识到尊重客户就是尊重自己，所以要在接待中既坚持原则，又注意礼貌。

⑩ 一视同仁、举止得当。对接待的对象都必须热情地对待，不能看客施礼，更不能以貌取人，必须以优质接待服务来取得商户对你工作的信任，使他们乘兴而来，满意而归。

⑪ 严于律己、宽以待人。在接待服务工作中，商户可能会提出一些无理甚至是失礼要求，应耐心地加以解释，宽容待人。

⑫ 在接待过程中保持礼貌，充分体现在语言上的礼节，如称呼礼节、问候礼节、应答礼节等。

（3）入驻资料审核

① 接待人员在商户前来办理入驻手续时，应对商户的证件进行检查，具体包括：

a. 租赁合同原件；

b. 身份证原件；

c. 单位租房的，还需检查其单位营业执照副本；

d. 委托他人办理的，还需检查商户的委托书。

② 检查无误后，接待人员将租赁合同原件及租赁户的身份证原件、单位营业执照副本返还商户。

③ 证件复印件及商户委托书存入商户档案。

④ 由商户详细填写商户情况登记表，或由接待人员帮助代填写。

（4）入驻相关协议签定与费用缴纳

① 商户在本项目经营，就需要服从本项目的各项管理措施。商户需要配合和签署管理公约、商户手册、消防安全责任书、装修协议及施工责任承诺书等相关文件。

② 客服部接待人员在让商户签署协议的同时要解释清楚，对商户的提问及疑惑给予详尽的解答。

③ 商户在签署文件时有不明之处，客服部接待人员又没办法解释清楚的，请求上级领导给予解释。

④ 客服部接待人员指引商户到财务部（现场收费处）缴纳入驻相关费用，财务部根据收款项目开具收款收据。

（5）验铺接收

① 商户在签署完相关文件、缴纳完相关费用后，由客服部接待人员给现场工作管理人

员钥匙，并带其进行验铺。

② 营运管理人员通知工程部人员打开水电开关。

③ 商户将房屋存在的问题填入商户入驻验房表中。

④ 房屋验收合格的，营运管理人员应请商户在商户入驻验房表中签字确认。

⑤ 验收中发现问题，要在商户装修前维修的，营运部应通知工程部在一周内给予解决，并将整改结果通知营运部。

⑥ 整改完毕后，由管理员通知商户二次验收。

⑦ 二次验收不合格的，由营运部经理进行跟进，依据商业经营管理同承建商签订的保修条款，要求承建商尽快解决。

（6）钥匙发放管理

① 先由房地产公司将每间铺位的钥匙按编号整理好，交商业经营管理公司营运部。

② 营运部接到钥匙后，由营运管理人员及客服人员详细核对其对应的锁位。

③ 对钥匙进行编号入册，对应商户的铺位号，便于到商户入驻时发放。

④ 入驻小组及客服部将钥匙按编号放置在便于查看和查找的钥匙挂板上（钥匙挂板需单独制作）。

⑤ 领取、借用钥匙都要有登记，客服部主管每天对钥匙进行核查。

⑥ 在商户入驻时对钥匙的发放及查找要做到认真、仔细、无过错。

⑦ 由营运管理人员、工程部等与商户一起验铺后方给予发放钥匙。

⑧ 商户收楼无问题，客服部接待人员应将商户房屋钥匙全部交给商户。

⑨ 商户收楼有问题，客服部接待人员在将钥匙交给商户的同时，应留下一把大门钥匙在营运部以供维修时使用。

⑩ 商户在领取钥匙时，客服部接待人员应要求商户在钥匙领用表内签名确认。

⑪ 商户如果暂时不取钥匙，要在钥匙领用表备注栏里注明暂存放及原因等。

⑫ 对于不在收铺书上签字又要拿走钥匙的商户，先规劝，尽力去做工作，如协调不成，向上级领导请示。

⑬ 如在入驻现场发现拿错、丢失或掉换钥匙的，要对商户马上进行赔礼道歉，并安排人员到现场核实，马上安排工程部对其重新安装新的门锁和钥匙，并做详细登记。

⑭ 钥匙在每次的看铺、验铺、借用之后都要放回原处，便于下次取用。

4. 开业前检查的工作要点

在开业前一周，营运部必须配合物管中心等部门进行开业前检查，检查的内容及要点如下。

① 商铺开业的跟踪：装修完工、设施设备进场、货物及商品进场、商品陈列、价签到位、合同备案、证照办理、服务见面洽谈会等。

② 主力店装修进展跟踪、开业前界面协调等。

③ 多种经营前期市场调查、品牌资源储备等。

④ 室内外广告位：市场调研、招投标、签约、收集确定样稿、制作安装到位等。

⑤ 收费情况跟踪：合同尾款、广告费用、装修费用、租金、物业管理费用及相关保证金的收取等。

⑥ VI导视系统设计报批、制作完成、安装到位的时间统筹。

⑦ 开业物料设计、购置、制作安装到位。

二、商业物业现场营运管理的主要内容与工作要点

二线城市综合体项目商业物业现场营运管理是指营运部协调各相关部门对商业物业现场

的日常营运事务进行规范化管理。特别是对于现在大部分的商业地产项目，会选择联营扣点的合作方式与商户合作，实行统一收银、统一服务监督、统一安排，所有商户必须听从指挥。对于这种采取联营方式的商业地产项目，为了树立项目统一的形象，维护良好的信誉，需要注重项目的开闭店管理、晨会管理、租户出调货管理、收银员服务规范管理等方面的内容。

1. 开闭店管理的工作要点

（1）开店管理的工作要点

① 入店：开店前半小时，营运管理人员、营业人员、保洁人员从员工通道进入卖场。

② 交接班记录：营运管理人员检查上一班次的交接班记录。

③ 晨会：晨会由营运管理人员组织召开。

④ 开店前检查

a. 营运管理人员检查员工仪容仪表。

b. 物业管理人员、巡视员检查店面电源照明、门锁开启状态，店内设备、设施运转情况，为顺利开店营业做好准备。

c. 营运管理人员检查商店卫生状况。检查方法：公共区域全面检查；租赁区域进行抽查。

d. 检查价格标签。检查内容：价签齐全、货签对齐、一货一签、完整无破损。检查方法：抽查。

e. 营业员开完晨会后，做好各自店铺卫生、货品整理等营业准备工作。

f. 听到开店音乐或开店词播出时，营业员应停下手中工作，到指定位置准备迎宾；店面管理人员巡检迎宾情况。

（2）闭店管理的工作要点

① 闭店前十五分钟，播放闭店提示音乐或送宾词。

② 营业人员听到闭店提示音后，开始做闭店准备，清理货品，清点货款，可参见营业员行为规范。

③ 营运管理人员督促检查各商户做好最后一位顾客的服务接待，不得提前闭店，不得急于催顾客走，更不能拒不接待。待顾客全部离店后，方可结束营业。

④ 营运管理人员督促做好当日结算，然后检查各店铺闭店情况，填写工作交接记录。

⑤ 收银人员完成日结手续后，必须将当日款项上交。

⑥ 营运管理人员检查各种电源、水源开关和安全防火事项。

⑦ 营运管理人员监督检查装修店铺安全施工情况。

⑧ 协助物业保安进行清场。

⑨ 营运管理人员督促做好当日卫生，保洁公司进行夜间现场保洁作业。

⑩ 做好交接班记录，闭店。

2. 晨会管理的工作要点

二线城市综合体项目商业物业在每日开业前，营运部负责组织营运的相关人员召开晨会。

（1）晨会内容

① 常规内容

a. 检查营业人员仪容仪表。

b. 练习服务用语。

c. 对存在的问题及违纪现象提出整改要求。

d. 对营业员进行各类专项的培训。

② 临时内容

a. 提示、督促各专卖店根据季节的变化及时补充应季商品，更换商品陈列和环境布置。

b. 通报公司相关管理规定、近期工作安排、要求及相关信息。

（2）晨会前的准备工作

① 值班经理召集当班同事召开内部早会，检查同事仪容仪表是否符合公司要求。

② 根据前一天确定的早会内容为大家做进一步的说明解释及补充。

③ 提前赶到各楼层了解现场情况，检查相关设施及环境。

（3）晨会的召开

① 晨会主持人由楼层主管担任。

② 每天晚班值班经理必须将次日的晨会内容予以确定，并发给各楼层主管。

③ 晨会召开人必须全面掌握晨会所讲的内容，并进行有效的传达。

④ 会议召开人必须声音洪亮，表达清晰，让参加晨会的每一位成员都听清并清楚地了解晨会的内容。

⑤ 召开晨会时，务必提醒每一位成员一天的工作正式开始了，唤起工作意识，把每个人的职责充分地发挥出来。

⑥ 会议中需逐项传达公司重要事项，并针对细节进行详细解说。

⑦ 将前日项目内发生的重大事件进行通报。

⑧ 晨会召开中要认真倾听，了解商家的意见及建议，并做好记录。

⑨ 可适当对优秀店铺或店员进行通报表扬，增强员工工作积极性。

⑩ 晨会原则上在 15min 内结束。

⑪ 将每日晨会的模式固定化。

⑫ 规定晨会的实施程序。

⑬ 培养同事随时准备做好笔记的习惯。

⑭ 早班参加晨会的同事，必须把重点转达给晚班的同事知道。

⑮ 为了使晨会开得有意义，楼层主管平时就应有问题意识的观念，特别是对各店铺成员平时的工作状况，应该充分掌握。

⑯ 开会前一天，就应准备好要晨会报告的内容。

3. 巡场管理的工作要点

① 营运部必须制订日常巡视管理制度，明确巡场线路及巡视要求。

② 营运人员每日巡场不少于 4 次：营业前、营业中（上午、下午各一次）、营业后必须巡视。

③ 每次巡场必须按规定线路、检查事项进行巡视记录，填写日常运营巡视记录表，由营运部存档。

④ 巡场中发现的问题需及时通知相关责任方解决，无法立即解决的问题填写整改通知单，需注明问题、责任人、整改要求、完成时限等内容，送达责任人或其负责人签收。跟踪整改通知单的落实情况，对在规定时限内未完成的整改事项上报主管领导。

⑤ 营运部经理每周不少于一次组织营运部人员进行集体巡场，全面检查现场营运管理情况。

⑥ 营运部每周对日常运营巡视记录表中记录的问题进行分析，对超出时限仍未解决的问题进行跟踪，对存在的共性问题进行分析，提出解决办法，上报公司总经理。

⑦ 总经理对营运部巡场管理记录和现场管理情况进行检查，对存在的问题提出整改要求及建议，并负责督办落实。

4. 广播管理的工作要点

二线城市综合体项目商业物业的播音服务工作，是指为了满足租户、顾客及公司各部门的需求而进行的日常播音和特殊紧急事件发生时的播音。

（1）广播管理的基本规定

① 营运部制订广播管理规定及工作流程。

② 指定专人播音，广播音量适中，播音内容包括开店广播语、天气预报、品牌推介、信息发布、整点报时、安全提示、闭店广播语等。

③ 每周对背景音乐进行更新调整，背景音乐与时令及现场氛围协调一致。

④ 严格控制审批商铺装配音响申请，检查控制商铺音响音量。

（2）广播的语言标准

① 固定广播语言标准

a. 语言要流畅，停顿有序，要有韵律；

b. 吐字要清晰，声音要甜美；

c. 语速要均称、平稳、生动，不能死气沉沉；

d. 要说标准普通话，无地方方言；

e. 不得说粗言秽语，语气、语义要表达得当。

② 临时广播语言标准

a. 突出寻物找人的主要字句；

b. 简明扼要地表达出寻物找人之事；

c. 寻物找人的语言要讲究用语；

d. 对客人称呼要有礼貌，如"女士、先生、小姐"等；

e. 要说标准普通话，无地方方言。

5. 租户出调货管理的工作要点

租户出调货管理是指规范各租户的货品进出管理，明确租户的出货流程，保障各租户的货品充盈及出入安全，实现租户与项目共赢。

① 商户必须提前半天填写商户出货申请单。

② 出调货时间为中午12点之前，个别特殊商户在经过营运部经理同意后，允许在该规定时间之外，以手拎的方式出调货，但必须保证对现场环境不造成任何影响。

③ 楼层主管及经理审批租户提交的商户出货申请单后，必须在出货包装箱上签字确认，然后放行。

④ 楼层主管及经理必须按照出货审批权限进行审核，不得越级办理出货事宜。

⑤ 500件以上货品需提前1天申请办理，1000件以上货品需提前2天申请办理。

6. 租户外摆位管理的工作要点

租户外摆位管理是指对租户经营类及非经营类外摆位的管理，规范和明确租户外摆位的审批流程，以维护商场的整体形象。

（1）租户外摆位的基本规定

① 租户凡在合同约定的租区范围以外区域摆放用做经营用途的桌椅、柜台、展架等皆属于经营性外摆位。凡在合同约定租区范围之外摆放用做非直接经营用途的展架、立牌、宣传物件等属于非经营性外摆位。

② 公司原则上只受理餐饮、娱乐及其他有特殊需要的租户提出的外摆位申请。

③ 有经营性或非经营性外摆位需求的租户，需事先向营运部提交外摆位申请，经公司审批同意后方可摆放。对擅自摆放的租户，公司有权随时要求撤回并将采取必要的惩罚

措施。

④ 经公司审批同意设置的经营性外摆位和涉及收费项目的非经营性外摆位租户，均需与公司签订外摆位租赁协议。所有外摆位协议均为临时协议，期限根据具体情况再定，一般不超过12个月。

⑤ 所有经营性外摆位均需收取以下费用。

a. 物业管理费和推广费：即按每平方米（使用面积）收取。

b. 租金：营运部视具体情况（如位置、经营内容等）与租户进行协商，按公司流程报领导审核同意后执行。

⑥ 对非经营性外摆位，营运部根据具体情况提出收费（包括费用收取标准）或免费的提案与租户先进行协商，按公司流程报领导审核同意后，由双方签定相关协议，营运部负责具体落实执行。

⑦ 经公司核准，确定为免费的非经营性外摆位，为简化流程，提高效率，不必签署协议。但营运部需与租户深入沟通并密切监督，确保按照公司要求进行摆放。

⑧ 所有外摆位均属于临时摆放性质，如遇商场举行大型推广活动暂时影响其摆放，租户需无条件支持与配合。

⑨ 经批准摆放的外摆位视为租户租区的延伸和扩展，租户需自行负责外摆位区域的管理事宜，有必要的，公司应建议和要求租户购买相关保险以规避各类风险并承担第三者在外摆位区域发生的损失责任。

⑩ 租户如存在严重违反项目管理规定并拒不整改的行为，公司有权根据实际情况，提前终止租户外摆位的使用权。

⑪ 由于租户对外摆位管理不善致使商场各种设施设备遭受损失的，租户需按价赔偿。

⑫ 所有外摆位租户必须严格按照公司的规定执行，不得随意改变其区域范围或扩大其功能。

（2）租户外摆位的受理流程

① 租户提交书面申请至营运部，营运部向其发出外摆位使用申请表。

② 租户将填写完的申请表及设计方案和效果图提交给营运部。

③ 营运部初步审核并提出意见后提交公司总经理及董事长审批。

④ 公司审批通过后，涉及收费的，营运部负责与租户签订外摆位租赁协议，并按租赁合同签订的程序执行。

⑤ 协议签订后，营运部及物管中心与外摆位租户召开协调会，协助并监督租户实施。

7. 摄影摄像管理的工作要点

摄影摄像管理是指对项目内摄影摄像的团体及个人（电台、行业协会、各类摄制组、合作伙伴、社团民间组织、商户）的摄影摄像行为进行规范管理。

① 商业物业内所有摄影摄像行为均应向营运部申请。各类摄影团体（包括电台、行业协会、各类摄制组、合作伙伴、社团民间组织、商户）如需进行拍摄，应在办理摄影证后方可进行。

② 营运部审批责任人为营运部经理或经理助理。

③ 营运部根据具体情况决定是否陪同摄影。

④ 客服部会签责任人为客服经理，客服经理会签后，以邮件知会企划部、物管中心、营运部等相关部门知悉，并做好相应准备工作。

⑤ 各类摄影团体在项目内进行拍摄时，必须佩戴摄影证，同时由公司工作人员陪同，摄影期间严格遵守本项目的相关制度规定。

⑥ 申请人不得超出申请范围进行摄影，超出摄影范围的，公司有权将摄影证收回，并

删除其超范围所拍摄的影像。

⑦ 拍摄完毕，申请人必须及时将摄影证收回，归还客服部。

⑧ 公司所有员工皆有责任与义务制止违规摄影摄像行为。

8. 短信发送管理的工作要点

短信发送管理是指明确租户及公司向外发送手机短信流程及相关要求，保证短信发送顺畅高效、准确及时。

（1）租户短信发送流程

① 租户至少提前 7 天提出发送短信的申请，按公司提供的租户短信发送申请表填写并签字盖章。

② 营运部审核短信内容（要求信息内容表述清晰，含中英文、标点符号限 68 个字以内，英文以字母为单位）。

③ 营运部与商户确认短信发送的数量、对象、次第和费用。

④ 商户提前 2 天至财务部缴清短信费用，财务确认已收到费用，并在商户的申请单上签字确认。

⑤ 营运部副经理及主管领导签字确认，由营运部实施发送短信。

⑥ 营运部和商户查询和验收短信发送情况。

（2）公司内部短信发送流程

① 申请部门至少提前 3 天提出发送短信的申请，填写公司内部短信发送申请表。

② 申请表由申请部门主管负责人签字确认。

③ 营运部副经理及主管领导签字确认，由营运部实施发送短信。

④ 营运部和和申请部门查询和验收短信发送情况。

9. 服务台接待管理的工作要点

（1）服务台接待人员的仪表仪容标准

① 着装标准

a. 上班时间必须按着装标准着工装。

b. 上班统一佩戴工作牌，工作牌必须端正地戴在左胸襟处。

c. 非当班时间，除因公或经批准外，不穿戴或携带工装外出。

d. 衣着清洁、纽扣扣齐，制服外衣衣袖、衣领不显露个人衣物，制服外不显露个人物品，服装衣袋不装过大过厚物品，袋内物品不外露。

e. 鞋袜整齐清洁，鞋带系好，不允许穿凉鞋或不穿袜子，女员工不允许穿 3cm 以上的高跟鞋。

f. 女员工应穿肉色丝袜。

g. 非特殊情况不允许穿背心、短裤、拖鞋。

h. 男女员工均不允许戴有色眼镜。

② 须发标准

a. 头发应保持清洁光鲜。

b. 不允许染黑色、深棕色以外的其他颜色。

c. 前发不遮眼，不梳怪异发型。

③ 个人卫生标准

a. 每天上班之前检查自己的仪表，上班时不允许在客人面前或公共场所整理仪容仪表。

b. 保持手部干净，不涂有色指甲油，指甲不过指头 2mm，指甲内不允许残留污物。

c. 上班前不允许吃有异味食品，保持口腔清洁，口气清新。

d. 衣服弄脏后应及时换洗。

e. 眼、耳清洁，不留眼屎、耳垢。

f. 女员工化淡妆，不浓妆艳抹，不用香味浓的化妆品。

（2）服务台接待人员的礼仪标准

① 行走标准

a. 行走时不允许把手放入衣袋里，也不允许双手抱胸或背手走路。

b. 在工作场合与他人同行时，不允许勾肩搭背，不允许同行时嬉笑打闹。

c. 行走时，不允许随意与客户抢道穿行；在特殊情况下，应向客户示意后方可越行。

d. 走路动作应轻快，非紧急情况不能奔跑、跳跃。

e. 手拉货物行走时不应遮住自己的视线。

f. 尽量靠路右侧行走。

g. 与上司或客户相遇时，应主动点头示意。

② 就座标准

a. 就座时，姿态要端正，入座要轻缓，上身要直，人体重心要稳，腰部挺起，手自然放在双膝上，双膝并拢，目光平视，面带笑容。

b. 就座时不允许有以下几种姿势：

（a）坐在椅子上前俯后仰，摇腿跷脚；

（b）在上司或住户面前双手抱在胸前，跷二郎腿或半躺半坐；

（c）趴在工作台上或把脚放在工作台上；

（d）晃动桌椅，发出声音。

③ 站立标准

a. 男士双脚打开，双手垂立身侧或放于背后，右手搭在左手上面，视线维持在平视微高的幅度，气度安详、稳定、自信。

b. 女士双脚要靠拢，膝盖打直，双手自然的放在小腹前，右手在上，背部挺直，两眼凝视目标。

④ 手的指示标准。食指以下并拢，拇指向内侧轻轻弯曲，指示方向。

⑤ 行礼标准。面带笑容，弯腰 15°的鞠躬礼。

⑥ 接听电话标准

a. 铃响三声以内，接听电话。

b. 清晰报道："您好，××项目"。

c. 认真倾听电话事由，若需传呼他人，应请对方稍候，然后轻轻搁下电话，去传呼他人；如对方有公事相告或求助时，应将对方要求逐条记录在《工作日记》内，并尽量详细回答。

d. 通话完毕，应说："谢谢您，再见！"语气平和，并在对方放下电话后轻放话筒。

e. 接电听不懂对方的语言时，应说："对不起，我不懂方言，请您用普通话好吗？""不好意思，请稍候，我不会讲广州话。"

f. 中途若遇急事需暂时中断与对方通话时，应先征得对方的同意，并表示感谢，恢复与对方通话时，切勿忘记向对方致歉。

⑦ 拨打电话标准

a. 电话接通后，应首先向对方致以问候，如："您好"，并做自我介绍。

b. 使用敬语，将要找的通话人姓名及要做的事交代清楚。

c. 通话完毕时应说："谢谢您，再见！"

⑧ 与顾客同乘电梯标准

a. 主动按"开门钮"。

b. 电梯到达时，应站在梯门旁，一只手斜放在梯门上，手背朝外，以免梯门突然关闭，碰到顾客；另一只手微微抬起放在胸前，手心朝上，五指并拢，指向电梯，面带微笑地说："电梯来了，请进"。

c. 顾客进入电梯后再进电梯，面向电梯门，按"关门"按钮。关闭电梯时，应防止梯门夹到他人的衣服、物品。

d. 等电梯门关闭呈上升状态时，转过身呈 45 度面向顾客。

e. 电梯停止，梯门打开后，首先出去站在梯门旁，一只手斜放在梯门上，手背朝外，另一只手五指并拢，手心向上，指向通道，面带微笑地说："到了，请走好"。

（3）服务台接待人员的工作流程

下列为假定时间，商业经营管理公司应根据具体情况再做修改。

8:00 前：打卡、换装等上岗前准备。

8:20～8:40：晨会、前日工作总结、当日工作安排。

8:40～8:55：卫生清洁、工作区域物品整理等开业前准备。

8:55～9:00：仪表仪容检查、开业前准备最终确认。

9:00～9:05：开业迎宾。

9:05～11:50：日常工作。

12:00～13:00：午餐（换休）。

13:00：早晚班工作交接。

13:00～16:00：日常工作。

17:00～17:30：晚餐（换休）。

17:30～18:00：日常工作。

20:00～20:50：日常工作及整理报表。

20:50：闭店送客。

21:00：闭店清场、下班前岗位检查。

（4）接待人员值班与交接班管理的工作要点

① 按排班表安排的时间值班。

② 值班期间做好顾客接待工作。

③ 做好安全检查，及时发现安全隐患。

④ 完整记录当日值班记录，做好交接班工作。

10. 收银员服务规范管理的工作要点

作为直接面对客户服务的窗口，收银人员专业化的服务将直接代表整个项目的经营形象，通过规范收银员的收银作业，可以确保收银人员与营业员之间形成良好的服务链条，给客户提供快速、准确、高品质的收银服务。

（1）营业前的服务规范

① 营业前，收银员应提前对仪容仪表进行整理（包括制服是否整洁，头发是否整齐，是否佩戴工号牌，是否化淡妆等）。

② 提前清扫、整理好收银台及收银作业区。

③ 整理、补充好收银必备物品：购物袋、电脑打印纸、手工账本、笔、回形针、订书机、胶带、纸币等，并打开验钞机。

④ 按顺序打开收款机、打印机等，检查收银设备是否运转正常，检查收银机当前日期时间是否正常，检查销售货票和专用印章是否齐备，如有异常，立即与信息管理人员进行联系。

（2）营业中的服务规范

① 收银员在每次交易前应认真核对每项物品的品名、规格、产地、价格等是否与电脑显示的一致，如有不同，应先核对是否出现商品信息上的错误，如发现错误，立即通知店内相关负责人进行更改，防止错误再次出现。

② 收银员在收银时必须唱收、唱付，清楚报出顾客应付金额及实收金额、应找金额，并将打印的电脑小票和找零一起交给顾客。

③ 收银员应及时掌握各项折扣优惠政策及项目开展的活动，在客户结账前主动询问客户是否持有 VIP 卡，并告知客户当前正在举行的优惠活动。

④ 当客户来到收银台前，收银员应迅速起立进行问候："您好，欢迎光临!"并双手接过客户递交的卡或钱币等。

⑤ 收银员需保持亲切友善的笑容，掌握必要的商品知识及专业技能，饱满热情地接待每一位客户，并耐心解答客户提问。

⑥ 收银员应具备迅速识别假币的能力，遇到有疑问的钞票，应借助验钞机进行检验，如验钞机不能解决或破残不能使用的钞票，应礼貌地向顾客提出更换，如收到伪、残钞，由收银员承担赔偿责任。

⑦ 收银员在收银台工作期间应保持注意力高度集中，不得嬉笑聊天，不能看杂志书籍，不能打电话聊天，同事之间切勿大声说话，不得擅自离开收银台。

⑧ 收银台应保持时刻有人，当班收银员如遇特殊情况需暂时离开收银台时，应由其他收银人员进行顶替。如有顾客正在办理结账，不可立即离开收银台，需为现有的顾客做完结账服务后方可离开，并在规定时间内及时返回。

⑨ 为了避免影响正常收银及欺诈，收银员对于顾客兑换现金的要求，应予以婉言谢绝。

⑩ 收银员在任何情况下，应保持清醒的头脑，当顾客发生错误时，切勿与顾客发生争执，应委婉地向顾客解释。

⑪ 收银员应主动做好自己收银台和收银作业区的卫生工作，同时将收银台前顾客所坐的椅子及时归位。

⑫ 收银员在岗期间应严格做好个人仪容仪表工作，具体要求按照公司服务礼仪规范执行。

（3）营业后的服务规范

① 整理好作废的票据及优惠券。

② 及时结算好当日营业总额。

③ 及时关闭收款机、打印机等设备，并进行正常维护。

④ 及时对收银台及收银作业区范围进行整理、清扫。

11. 客户投诉管理的工作要点

（1）客户投诉的分类

① 一般客诉指不会对项目形象造成影响，经协调，按程序处理后能与租户及顾客达成一致意见的投诉。

② 严重客诉指在客户购物或售后过程中与商户发生纠纷而未能妥善处理，一般是双方意见存在重大分歧，且按照规定无法得以解决的投诉。此类情况应在第一时间汇报给值班经理，由值班经理全权负责处理，同时知会营运部负责人。

③ 重大客诉指客户的利益或身心健康受到了严重的损害，事态有升级扩大趋向的重大事件。对此类事件应先汇报营运部门经理，依据情况逐级上报。

（2）客户投诉的处理办法

① 电话投诉

a. 接听人员应使用礼貌用语，电话三声铃响内接听来电。

b. 对来电投诉的客户，需要问清相关资料（姓名、联系电话、投诉部门、相关工作人员、投诉内容等），及时记录。

c. 相关资料及时输入表格中，第一时间将投诉内容上报相关责任人员。

d. 按照相关领导的指示，及时联系到被投诉部门的主管人员，督促相关部门责任人员尽快核实事件是否属实，有必要的，应该由相关责任人员与投诉人尽快联系，解决客户的不满情绪。

e. 投诉问题处理结束后，应做客户的跟踪回访，记录并存档。

② 现场投诉。商业经营不仅要创造客户，更要留住客户，不论处理何种抱怨，都必须要以顾客的思维模式寻求解决问题的方法。要树立顾客永远正确的观念，要依据客诉管理规定解决客诉，保持服务的统一与规范。客诉处理专员面对愤怒的客户一定要克制自己，稳定客户情绪，始终牢记自己代表的是公司的整体形象；要注意倾听客户的诉说，建立与客户共鸣的局面，不论客户对与错，都要对此情形表示歉意，并提出建设性或预见性的方案。

③ 致信投诉。收到客户致信投诉时，应立即通知相关部门责任人，营运部积极跟进及核实投诉事件。待责任人确定处理意见后，由营运部起草回函，给予客户回复。

（3）客户投诉的处理流程

① 了解客户投诉的要求和客户投诉的理由。

② 要及时对客户投诉案件进行调查、审核、提报。

③ 判定责任归属，寻求解决办法和处理方案。

④ 明确责任双方对相应客诉的处理意见。

⑤ 对于重大客诉应开会商讨解决方案。

⑥ 积极提出客诉改善方案，督促执行成果及效果确认。

⑦ 跟踪客诉处理中客户反映的意见或建议，并督导改善。

⑧ 落实被投诉的产品（或某一事件）具体、详细信息及来源查处等。

⑨ 协助客户解决困难，迅速传达解决的结果。

⑩ 能够高效处理客诉，力争达到客户的满意。

⑪ 对导致发生投诉之原因进行详细总结，对改善对策进行检查、执行、督促。

⑫ 不得超越权限私自与客户达成不当的承诺或协定。

（4）客户投诉处理的注意事项

① 在受理顾客投诉时，必须对投诉事项进行详细记录（包含客户信息、投诉内容、顾客要求等），如因投诉紧急无法及时进行登记，则需在投诉处理完毕后进行详细的记录，以便备案。

② 在接到投诉时，必须遵循快速的原则，不可让顾客等待过久时间，以免让顾客产生烦躁情绪或过高的期望值。

③ 在第一时间到达投诉现场调查事件时，必须先倾听顾客的陈述、不满及需求，并致以深深的歉意，以表示对顾客的尊重，尽量平息顾客的抱怨和愤怒。

④ 如遇到无法处理的严重投诉时，需及时向上级主管汇报，以免投诉升级。

⑤ 当顾客所提要求涉及项目或租户的重要利益时，处理投诉人员切不可单方面擅自给予顾客任何无履行把握之承诺。

⑥ 处理过程中，必须遵循相关的法律法规，不可做出超出法律规定范围之外的处理意见。

⑦ 处理投诉过程中应注意现场秩序及环境的维护，对影响较大、较棘手的投诉可先指

引顾客到贵宾室或办公室等处再做处理，尽量将对现场购物环境的影响降到最低，以免影响到现场正常的营运工作及其他顾客。

⑧ 在处理顾客投诉过程中，若无法及时解决，必须给予顾客一个解决期限的承诺；如解决的期限长短主要取决于租户，则需积极介入并责成租户给予顾客解决期限的承诺，同时按承诺期限随时跟进租户的处理结果，直至投诉最终解决。

⑨ 对于已处理的顾客投诉，必须做好记录及存档工作。凡已解决的重要顾客投诉，需在月工作总结例会上向主管领导进行汇报并将处理方法及经验与同事共享。

12. 现场突发事件管理的工作要点

现场突发事件管理是指对项目内发生的冲突、打架斗殴、抢劫、盗窃、疾病、设备故障、停水停电等影响正常营业的事件的管理。

（1）顾客之间的冲突管理

① 预防顾客之间发生冲突

a. 购物高峰期时，保持楼层通道的顺畅。

b. 保持商业项目内温度适中，避免顾客因温度不适而心情烦躁。

② 顾客发生冲突时的处理

a. 一般性争吵：目击员工或楼层管理人员要立即上前询问原因，根据当时实际情况，做出灵活处理，合理劝解顾客，不可偏袒。

b. 发生动手事件时：目击员工应第一时间通知楼层管理人员及保安员，并尽量把冲突双方劝开，在此过程中，不可评论孰是孰非，不可偏袒。注意自身安全，由两名以上同事一起上前劝阻，尽可能将双方分开，并疏散围观顾客。尽量留住双方顾客，平息怒气，尤其当有一方受伤时，更不能让另一方顾客离开。检查四周是否有因打架造成的第三方受伤、货品受损或设施损坏，视情况向责任人提出索赔。

（2）员工和顾客之间的冲突管理

① 预防员工和顾客之间发生冲突

a. 所有员工应接受顾客服务培训，提高员工服务意识，按照服务标准，做到快捷、准确、规范。

b. 保持通道的顺畅、高峰时做好楼层及收银区的客流疏导。

c. 对顾客的询问及所提要求应耐心解答，尽量提供所需帮助。

d. 遇到无理的顾客，应保持冷静和耐心，不与其争执，更不可动手。

e. 销售高峰期，楼层管理人员应加强楼层巡视，处理突发事件。

f. 对于棘手问题，员工应立即报管理层处理。

② 员工与顾客间发生冲突时的处理

a. 一般性争吵。目击员工或管理层应立即上前，无论哪一方有错，本着"顾客永远是对的"服务原则，向顾客致以歉意，然后询问原因。倾听顾客诉说，分析判断。一般情况下，将此员工带到一边，了解情况。合理劝解顾客，必要时请顾客到办公室解决。

b. 发生动手事件。目击员工立即将冲突双方拉开，不应袖手旁观，不可偏袒我方同事，不应指责顾客；第一时间通知管理人员及管理部赶至现场，由管理人员根据当时情况做出灵活处理。如一方或双方受伤，要首先紧急处理，并由管理人员决定是否就医。如客户提出索赔，应报管理层及公司法务。

（3）抢劫事件的处理程序

① 预防抢劫事件的发生。要注意在商业地产项目内漫无目的的闲逛且多次进出的人，发现可疑对象时，用特定的方式循环播放关于安全方面的温馨提示。项目内设安全提示牌、安全知识信息栏，与员工分享相关信息。

② 抢劫事件的处理。听到顾客喊抢劫时，员工应立即上前询问情况，如：抢劫者的性别、身高、年龄、肤色、衣服样式颜色、头发眼睛颜色，被抢物品及抢劫者逃走方向，协助顾客拦截抢劫者（注意自身人身安全）。用对讲机呼叫各出入口保安，留意并拦截出场的可疑人员，或跑到出/入口请求保安/迎宾协助。保安在项目区域范围内进行拦截，并在可能的情况下，尽力在项目区域内进行拦截。如拦截失败，保安可协助顾客到派出所报案。在处理过程中应表现出积极协助的态度。如顾客提出索赔，及时报告项目管理层；任何人不可私自对顾客的索赔做出任何答复。如顾客的物品被抢劫者拿去利用可造成更大的损失，应提醒顾客尽快采取相应的补救措施，以防止损失扩大，如信用卡和身份证、汽车钥匙和行驶证、住宅钥匙等。

（4）物品丢失事件的处理程序

① 预防丢失事件发生

a. 广播室根据客流情况加大安全广播力度，楼层管理人员及保安加强巡视，对有疏忽的顾客及时巧妙地做出提醒。

b. 保安和卖场管理人员加强巡视，并设置醒目标牌提示，如："免费停放，不负责保管"。

c. 在公共区域显眼位置张贴明显的物品安全提示，建议（或要求）商铺店内张贴"随身携带好个人物品"等安全提示。

d. 项目外有保安定期巡视，以起警告作用。

② 丢失事件发生的处理

a. 如果顾客当时发现财物被偷窃，且清楚记得偷窃之人，最近的员工应及时上前询问清楚偷窃者的详细特征，根据顾客的描述，引领顾客找到楼层管理人员或保安员，协助顾客在全场寻找及出口处拦截可疑之人。营运部根据当时情况做出相应处理：如拦截到可疑人，有顾客指证，应立即报警；否则应到服务台登记，并到派出所报案。

b. 顾客不知何时丢失财物，员工可安抚、询问"物品放在何处，有无留意到周围有可疑之人"，带失窃顾客到服务台登记。服务台用广播告知顾客和员工，帮助该顾客寻找失物。如有员工发现无人认领的包或物品，应立即送到服务台，不得单独翻看。如有必要，根据顾客要求协助其到派出所报案，顾客索要赔偿，员工不可做出任何赔偿承诺，遇有任何疑问，及时联系楼面管理人员。

c. 目击小偷偷窃顾客财物时，应第一时间告诉受害者，以挽回损失。协助抓小偷时，应注意自身安全，抓小偷时应大声制止，争取周围员工和顾客的帮助和支持。处理同时，通知管理层。抓住小偷后，一定要留住顾客作为证人，否则会很被动。如顾客不愿举证，我方将遵循顾客意愿，不予报警处理。

d. 注意事项：如有金额索赔，及时报告管理层；任何人不得私自对顾客的索赔做出答复。如顾客的物品被小偷拿去利用可造成更大的损失，应提醒顾客尽快采取相应的补救措施，以防止损失扩大，如信用卡和身份证、汽车钥匙和行驶证、住宅钥匙等。

（5）抄价格的处理程序

① 处理程序：当看到有人抄价格时，员工应立即通知管理人员。管理人员应上前礼貌询问，是否需要帮助。如属不知情的顾客，应耐心解释相关政策并提供帮助；如属竞争对手，则礼貌告知并继续观察。如对方态度强硬，继续抄写，可通知保安人员/领班给予协助。

② 注意事项：无论哪种情况，均应保持微笑及使用礼貌语言，避免误会或投诉，尤其不能身体接触顾客或没收财物。

（6）停水、停电的处理程序

① 在接到相关部门的停水通知后，应即时通知所有商户做好备用水的储备工作。在接

到停电通知后，应将具体停电的时间、停电时长、预计恢复供电时间告知工程人员，做好备用电切换准备工作；通知各商户停电时间，暂时关闭店内各种电器；停电前，将客梯停在低层，对顾客做好解释工作，等待备用电切换完毕再重新启用。

② 突然停水、停电时，现场管理人员应迅速通知物管工程人员查找原因，并及时采取措施：立即开启消防广播，通知受影响区域的商户、顾客；检查各电梯内是否有被困人员；加强停电区域的巡查，保证秩序及顾客和商品的安全。工程人员及时抢修，恢复水、电供应。

③ 启动备用电源时，应首先保证电脑、收银机等关键设备的用电。非营业时间的停水、停电要采取必要措施，保证项目及正常值班所必需的用水、用电量。

④ 营运部管理人员需组织各楼层的营业员看好自己的商品，安抚顾客并指引顾客从疏散通道离开。安全部安排人员守护各楼道通口，阻止无关人员进入停电区域，并加派人员在停电区域巡查，严防有人乘机作案。

⑤ 楼面管理人员应到受影响区域，了解商户是否需要协助，同时安排专人接听投诉电话，做好解释工作。来电恢复后，应广播知会受影响区域。当值主管综合所有事项，提交特别事件报告上交主管部门。

（7）故意使用假币的处理程序

① 收银人员发现故意使用假币的情况时，应通知营运管理人员及时赶到现场控制秩序，阻止闲杂人员围观。

② 楼层主管及时了解事实真相，如确认故意使用假币，应将使用人带离现场，到办公室进行处理。

③ 楼层主管分析情况并判断是否报警，在公安人员来之前监控好当事人，并协助警方做好笔录。

（8）其他突发事件的处理程序

① 醉酒者或失去正常理智的精神病患者处于不能自控状态，易对自身或他人造成伤害的，各当班人员发现后应设法劝阻其进入，已进入的应及时监控并通知其家属领回，没有家属认领的可以送至公安机关；如对自身或他人造成伤害的，可采取强制措施扭送公安机关。

② 遇急症病人时，就近的楼面管理人员或营业人员应立即接待，并报告值班经理立即赶到现场，并尽快通知其家属，情况危急时立即拨打急救电话。如有人晕倒，临近员工要立即将其搀扶到适当地点处理。由于外界因素造成人员受伤的，要派专人负责善后事宜并向上级汇报。

③ 遇到公共设施、物品遭到人为破坏或自然损坏，第一发现人应立即向上级汇报进行处理，并视损坏程度、是否存在安全隐患，在现场做好标识，损坏严重区域应用护栏或秩序带隔离。保护好现场，拍照取证，属于人为损坏的，由责任人照价赔偿。

④ 当电脑系统出现非正常停机时，使用人应立即通知电脑人员到现场查明原因并采取措施恢复运行；当全部电脑均出现非正常停机现象，楼层管理人员应及时向部门领导汇报并通知服务台通过广播稳定顾客情绪，告诉顾客因设备故障只能使用现金结算，并通知收银员手工收银。防损人员负责维持收银台秩序，防止交易流失。

⑤ 突发事件发生时，应保护好现场、拍照并视需要通知公安机关、保险公司等。突发事件后，营运部结合各部门汇报损失情况，报财务部向保险公司索赔。

三、商业物业租户沟通与协调管理的主要内容与工作要点

为了增进与租户间的合作交流，加强对租户经营业绩的把控，并及时纠正租户经营过程中的不良行为，商业经营管理公司的营运管理人员需要在日常营运过程中保持与租户的交流

沟通，并协调租户与各相关部门的关系。租户沟通与协调管理具体包括了租户沟通管理、坪效沟通管理、租费催缴管理、租金减免管理、纠正及预防措施管理等内容。本部分对上述的各项内容进行详细的介绍。

1. 租户沟通管理的工作要点

为了促进与各商户之间的交流和沟通，增进双方的了解与认知，加强信息的传达与反馈，增进彼此的互动与合作，需要建立良好有效的双向沟通机制。

（1）租户沟通的类型

① 催缴欠款：邀请对方副总以上级别领导及公司高层领导参与沟通。

② 活动安排：邀请对方营销总监以上级别领导及营运部经理助理以上领导参与沟通。

③ 日常管理：邀请对方店长（包括店长）以上级别领导及营运主管以上级别领导参与。

（2）租户沟通的频率

① 原则上，各业种国际一线品牌、大型餐饮商户常规沟通每季度一次；二三线品牌常规沟通每月一次；其他小品牌零售租户常规沟通每月1～2次。

② 有重要问题或紧急事件需要重点沟通的租户，可在常规沟通计划的基础上予以调整，必要时可以增加沟通密度及次数。

③ 如果商户会谈人职务较低，且品牌影响力较小，可以通过小型店长会议的形式予以沟通。

（3）租户沟通的流程

① 租户沟通是商户管理中非常重要的一项工作，各楼层主管必须提前制订沟通计划表，明确沟通商家、沟通时间、沟通事项等相关细节，按时约请租户，确保按计划落实沟通事宜。

② 租户沟通需形成一种机制，按月规划，逐月进行，有针对性、有步骤、有层次地开展沟通。

③ 租户沟通前需拟订沟通纲要，确保沟通效率和沟通效果。

④ 租户沟通后，记录人员最迟于次日完成沟通纪要并上报分管领导、部门经理及经理助理，涉及决策问题的需请对方主会谈人签名确认。

⑤ 租户沟通需注意层级安排，一般情况下以副经理及经理助理作为主谈人，必要时，可邀请分管领导或高层领导主持会谈。

⑥ 沟通结束后，各楼层主管负责执行决议，并监督落实整改情况。

⑦ 营运部经理及经理助理牵头按月对沟通决议的落实情况进行反思与总结。

⑧ 月度沟通结束后，各楼层主管负责汇总整理本月沟通记录，提炼沟通要点完成沟通小结后交由部门文员归档，同时呈报部门领导。

2. 坪效沟通管理的工作要点

坪效沟通管理是指营运部利用坪效数据作为考量租户经营状况的重要指标，有选择、有步骤、有针对性地与相关租户进行深入沟通和探讨，了解租户营运中存在的问题，寻求解决的办法并采取措施敦促并协助租户提升业绩，不断优化业种及品牌结构，为租户调整提供依据，是改善经营状况的一种综合性管理手段。

（1）选择租户

依据租户销售月报表，计算各楼面租户的坪效水平，并进行排序，每个坪效周期每楼层选择排在末端的3～5家租户作为坪效沟通对象。

（2）信息搜集及沟通准备

沟通前，部门内部需召开坪效沟通前例会，详细搜集与该租户经营相关的数据及信息，全面分析租户经营中存在的问题，准备好沟通的内容、细节及根据内容拟订邀请的对象，并确定本公司的沟通人。原则上，一般由营运部主管负责参与沟通，营运主管列席，根据需沟通的具体内容，可以决定由营运部经理、主管副总经理、总经理参与。

（3）坪效沟通实施

采取恰当的方式约请租户的营运部主管，主要针对营业坪效、总销售状况、员工服务、商品本身、物流情况、推广促销等方面展开沟通，明确公司进行坪效沟通的目的和要求，听取租户方对本店铺的销售情况评价及分析以及下一步的改善计划。同时，提出公司的营运建议与意见。

（4）撰写坪效沟通报告

坪效沟通结束后，营运部主管需撰写租户坪效沟通报告，详细记录沟通要点。各租户的坪效沟通报告需按月汇总存档。

（5）坪效观察与监督

坪效沟通后，公司管理人员要对租户的整改措施和效果进行观察和监督，观察期为 3 个月，重点考察业绩改善状况及管理能力提升状况。对于没有明显改善行为的租户要及时跟进了解，加强敦促和监督。3 个月后仍然没有改善效果的租户，由营运部管理人员拟订租户经营特报报至公司总经理并抄送招商部。

3. 租费催缴管理的工作要点

对所有未能按照合同约定时间缴交租金及各项管理费的商户进行租费催缴管理。

（1）租户欠费的原因分类

① 合同条款歧义引发的欠费。

② 缴费金额疑义引发的欠费。

③ 租户内部工作流程因素导致的欠费。

④ 租户特殊事件引发的欠费。

⑤ 租户经营亏损引发的欠费。

（2）租费催缴的流程

① 在送达缴款通知书后，通知书上的相关费用未按合同约定时间足额到账，收费人员应及时与承租方沟通，落实原因。在确认承租方原因费用未到账后，应立即送发欠费通知书，并在通知书中明确拖欠费用金额及应付滞纳金标准和缴纳时限，由承租方签收确认，归档保留原始文件。

② 如承租方欠费原因属于商业经营管理公司未按照合同约定提供相关服务而导致的，收费部门依据物业管理合同约定，协调相关部门，解决承租方提出的问题，并跟进问题解决的过程。

③ 在欠费通知书规定的缴纳时限到达后，承租方仍未缴纳欠费和滞纳金，又无合同约定的制约欠费收缴等原因，收费部门及时发出欠费催缴通知书，限期缴纳欠费和滞纳金，并告知："如果在限期内拒不缴纳欠费及滞纳金，将采取一切合法手段清理欠费，由此产生的一切责任由承租方承担"，由承租方签收确认，归档保留原始文件。

④ 在欠费催缴通知书规定的缴纳时限到达后，经催缴，承租方仍未缴纳欠费的，营运部应及时与公司法律顾问沟通，向承租方送达律师函再次催缴。同时，收费部门应做好欠费证据收集工作，准备进行法律诉讼程序。

⑤ 在律师函规定的缴纳时限到达后，承租方仍未缴纳欠费的，应向法院提请诉讼，通过法院调解或判决收回欠费。

⑥ 因特殊原因引起的欠费，收费部门应定期送达欠费催缴通知书，确认欠费金额，请承租方签收确认，并保留归档确认的原始文件，同时做好承租方欠费相关证据收集工作；需

要给予减免的，说明减免原因和减免额度及方式，上报公司领导审批。

4. 租金减免管理的工作要点

（1）租金减免的租户类型

① 部分经营状况较差，连续处于亏损状态的租户。

② 由于地理位置欠佳，给经营造成重大影响的租户。

③ 公司重点扶持和双方依赖性较强的租户。

④ 由于不可抗力造成经营困难、业绩持续下降而公司觉得有必要给予支持的租户。

（2）租金减免的流程

① 由商户提出书面申请，详细阐明理由及要求。

② 由营运部进行内部评议，拟订租金减免综合审议表。针对其经营状况及盈亏状况做出描述分析和判断，并对其面临的经营困境做出客观的评价。

③ 与招商部会审，请招商部提供参考意见。

④ 上报公司总经理、董事长审批。

⑤ 按公司最终审议结果，以书面形式回复租户，重点说明公司同意或不同意的理由。

⑥ 针对同意减免租金的商户，由招商部以合同补充协议的方式予以确认，明确减免租金的具体规定，并作为合同的一部分。

⑦ 营运部负责跟进对减免租金商户的经营分析及监控，并及时汇报相关经营信息。

⑧ 对于不同意减免租金的商户，营运部需与其加强交流与沟通，并在推广、促销、宣传等方面给予全力的支持与配合，帮助这部分商户尽早改善经营业绩。

⑨ 对于屡次提出减免租金及长时期经营业绩较差的租户，营运部将专门备案，并与招商部合议，考虑下一步的租户调整事宜。

5. 纠正及预防措施管理的工作要点

纠正及预防措施管理是指在项目的日常营运管理中，及时有效地修正管理过程中可能出现的工作偏差、工作疏失，对项目所有商户在经营活动过程中已发生或未发生的影响项目整体质量的行为进行纠正和预防，并通过持续改善而不断提高项目的综合管理质量和水平。

（1）针对商户的服务质量的纠正预防措施

① 商户多次或严重违反公司有关制度、作业程序或操作规程。

② 商户员工的服务表现遭到顾客投诉。

③ 商户有违反诚信经营原则行为。

④ 商户员工职业形象没有达到公司统一要求。

（2）针对商户店面形象的纠正预防措施

① 店面的装修标准、形象效果与经过公司主管部门审批的不一致，使用的材料不符合质监标准，不符合消防要求。

② 店面门头形象不符合公司统一尺寸及统一风格。

③ 店内广告如 POP、展示架、吊旗、展板、形象喷绘没有按照公司的统一要求制作及陈列。

④ 广告语的真实性不符合国家法律法规。

⑤ 店内灯光效果不符合商场要求，或有坏灯不亮现象。

⑥ 店内卫生状况欠佳。

⑦ 店内防护措施没有到位。

（3）对商户商品的纠正预防措施

① 商品商标、材质、产地、价格不清晰标明。

② 商品陈列零乱、不规整。

③ 商品的零售价格不合理。

④ 商品的质量不达标。

⑤ 擅自销售假冒伪劣产品。

（4）其他

① 公司内部质量评审检查时发现任何影响质量体系的除上述外其他各种情况。

② 需要商户配合用以维护项目利益而应尽未尽的各项责任。

（5）对商户的要求

① 商户对营运部提出的纠正及预防措施应给予通力配合，并在合理的期限内予以整改完毕，并移交回发出部门检查结果；如不能在指定时间内完成，必须将原因注明在纠正和预防措施通知单上，并按时将纠正和预防措施通知单交回营运部。

② 对于商户经营多次出现商品有严重质量问题、违反管理规定或质量表现持续欠佳，营运部应继续向商户发出采取纠正及预防措施的要求。若商户持续不能采取令人满意的纠正措施，营运部将及时对其进行必要的行政或经济处罚或作撤柜处理。

第四节

二线城市综合体项目如何进行商业物业管理

二线城市综合体项目商业物业管理的主要内容包括物业工程管理、安全管理、环境管理等。

一、商业物业工程管理的主要内容与工作要点

二线城市综合体项目商业物业工程管理是指对项目商业物业的建筑主体及其附着物、设施设备等的维护、保管与运行的管理，具体包括工程管理的前期介入、工程的接管与验收、工程遗留问题整改、工程设备设施管理、工程设备间管理等。

1. 工程管理前期介入的工作要点

二线城市综合体项目商业物业工程管理前期介入是指自开发项目的可行性研究阶段到商户大批入住装修完毕转入正常管理，包括早期介入和前期管理两个阶段。早期介入是指商业工程的有关人员参与项目的可行性研究、规划设计、建设、销售、设备安装调试、竣工验收和装修装饰的过程。商业工程人员从商业工程管理的专业角度提出意见和建议，以便减少建成后的商业物业在使用、运行、维修上的不足，最大限度满足业主和使用人的需求。前期管理是指在物业承接查验、商户入驻装修中商业工程管理人员的介入。这一阶段的工作主要是商业工程正常使用期所需的管理服务内容、物业设备设施承接查验、商户入住装修管理、工程质量保修处理及工程有关方面管理机构和人员的配置、工程管理规章制度的制定、商业工程设备设施的验收与接管、主力店、次主力店设备设施的进入管理、房屋装修管理以及档案资料的建立。

二线城市综合体项目商业物业工程管理前期介入的工作要点具体如下。

① 在项目开发建设工作早期，工程管理人员根据长期积累的商业管理知识和经验对项目的可行性提出意见和建议。

② 就原设计图纸的缺欠或不足，提出有关楼宇结构布局及功能使用、设备设施的选型、

配置、运行、维修及管理方面的改进建议。

③ 监管施工的质量，发现和检查不合格、不合理、不符合质量标准的工程问题，并提出整改建议。

④ 对工程质量及设备设施进行测试、检验、调整、试车和指出前期工程质量及设备设施的缺陷，就改进方案的可能性和费用提出建议，并总结工程前期介入发现的问题。

⑤ 在招商出租阶段同步跟进配合，协助项目公司及时发现和处理存在的问题，从源头上堵住漏洞，避免和减少上述阶段的问题发生，而且在项目开发初期把不利于商业管理、损害商户利益的因素尽可能消除或减少，以保障物业正常投入使用后的正常运行。

2. 工程接管与验收的工作要点

二线城市综合体项目商业物业工程的接管验收是指从确保项目日后正常使用和维护的角度出发进行的质量查验。接管验收一旦完成，则标志着物业正式进入使用阶段或新的管理阶段。工程接管验收的工作要点具体如下。

① 建筑结构、空间尺寸及设备设施整体布局、配套是否符合设计规定。主要验收部分包括变配电设备系统、给排水设备系统、空调通风设备系统、消防设备系统、通信网络设备系统、电梯设备系统、供暖设备系统、燃气设备系统以及智能化监控管理设备系统。

② 检查验收各专业设备的技术性能参数，安装基础、标高、位置和方向，维修拆卸空间尺寸，动力电缆连接等是否符合设备（机组）的技术要求。

③ 对设备安装工程的分部、分项工程质量验收，对隐蔽工程质量验收和设备安装工程质量的综合验收。

④ 对所有的建筑技术资料、产权资料、设备前期工程技术资料以及设备设施验收时有关工程设计、施工和设备质量等方面的评价报告进行验收。

3. 工程遗留问题整改的工作要点

二线城市综合体项目商业物业工程遗留问题整改是指在开业之前，工程管理人员查找、收集、整理工程质量问题，并依据日后实际运行条件预见性地做出合理推断并拍照取证。工程遗留问题主要有规划设计问题、商业优化需求、施工质量问题、运行管理模式问题等。各类工程遗留问题整改的工作要点具体如下。

（1）规划设计问题

项目设计时对商业经营考虑不足及设计理念、采用技术的不当选择，都会导致后期工程问题的产生，从而制约商业物业在降低成本管理、提升项目品质方面的运作。

工程管理部门要集中整理各项工程遗留问题，并在充分听取其他部门意见的基础上，对于影响商业活动和工程质量及品质的问题及项目，形成工程质量问题处理报告，阐明情况，明确整改方案及费用测算，上报项目公司，得到处理批复后组织整改实施。

（2）商业优化需求

开业后，由经营部门提出商业物业条件或商业设备不能满足商业经营活动需要和影响正常经营的项目，工程人员整理分析后，立册、分项形成书面文档清晰阐明原因及费用估算，由项目公司或商业管理公司工程部门在项目保证金或维修基金中支出费用，进行整改。

（3）施工质量问题

因工期紧和施工监理的疏忽等导致工程缺陷，主要由于偷工减料、不按技术规范施工所致。

工程管理人员应将收集的工程质量问题列出清单及要求整改期限，上报项目公司，协调施工承包方尽快解决。要求项目公司支付工程质保金时，应经商业经营管理公司审批。如施工单位同一问题维修三次后仍未解决，商业经营管理公司可在书面通知项目公司和责任施工单位的前提下，另行委托其他单位处理，相关费用从其质保金中扣除，如质保金不足，欠缺金额由责任施工单位承担。

（4）运行管理模式问题

单体店和组合店商业项目由于采取订单式商业地产模式，为主力店提供独立使用设施设备的运行管理界面，并约定由其自行负责。这样从责任角度比较分明，但由于其产权不属于主力店，所以其在运行中不会考虑设施设备的使用寿命，往往是野蛮使用，不规范使用，导致出现问题，或提前出现大、中、小维修。

4. 工程设备设施管理的工作要点

二线城市综合体项目商业物业工程设备设施管理是指采用科学的管理理念和方法，保障设备设施高效率、长周期、安全、经济地运行，并尽量避免它们的使用价值下降，以获得最好的经济效益。工程设备设施管理的工作要点具体如下。

（1）做好设备管理的综合规划

对在用和备用设备设施进行统一规划和合理配置，根据具体情况进行综合平衡，制订科学合理的设备使用、配置、调整、维修、改造、更新等综合性计划。

（2）为工程活动提供最优的技术装备

遵循技术先进、经济合理的原则，为工程活动提供最优的技术装备。

（3）制订和推行先进的设备管理和维修制度

制订和推行先进的设备管理和维修制度，以合理的费用保证设备处于最佳技术状态，提高和完善设备完好率和设备利用率。

（4）研究和掌握设备运行的技术规律

运用先进的监控、检测、维修手段和方法，灵活有效地采取各种维修方式和措施，做好设备设施的维修，保证设备设施的各项技术指标和经济指标达到规定标准，同时按照设备管理的经济规律，组织工程管理经济测算工作，有效地采取行政、经济手段和技术管理相结合的办法，降低能源消耗费用和维修费用的支出，降低设备使用的周期费用。

（5）强化技术培训和素质教育，培养综合素质高的技术队伍

专业技术人员的技术状态不但在本行业内要精，而且要一专多能，要具有综合技术能力。培养和造就能熟练掌握自动化和机电一体化多功能技术的人才，是工程管理的需要和发展的必由之路。

二、商业物业安全管理的主要内容与工作要点

二线城市综合体项目商业物业安全管理是指物业公司采取各种措施和手段，保证业主和物业使用人的人身和财产安全，维持正常的生活和工作秩序的一种职业性服务工作。商业物业安全管理的主要工作内容包括消防管理、安防管理、交通组织管理及应急处理等。

1. 消防管理的工作要点

消防管理是商业物业完整性和保值增值的前提，一旦发生火灾，其结果将极其严重，所以做好消防安全工作，是物业安全管理的重点。

由于商业物业具有营业面积大、经营业态多样、人员集中、可燃物多、电气线路多的特点，使得商业物业更容易发生火灾，且其造成的后果将更为严重。商业物业消防安全管理的内容主要有以下 8 个方面。

① 对消防及监视设备的 24h 运行、监控、记录。

② 对消防设施进行日常巡视，定期对消防设施全面巡视。

③ 对安全疏散通道及消防器材等进行严密检查与布控。

④ 隐患的整改。

⑤ 建立完备的消防预案。

⑥ 定期进行全员消防培训和消防演练。

⑦ 建立健全消防安全规章制度。

⑧ 建立消防组织和消防安全责任制。

2. 安防管理的工作要点

安防管理是指对经营过程中的人身安全、财产安全、治安安全和秩序安全等进行管理。安防管理的主要任务就是人身和财产安全，维护正常的经营秩序，处理各种突发事件。其具体的管理内容包括巡逻管理、防窃防盗管理、监控中心管理等。

（1）巡逻管理的工作要点

① 巡逻人员使用电子巡更系统签到。日间定时对整个管理区域巡视，夜间定时按规定的巡视方案巡视管理区域。

② 巡查内容包括：

a. 检查治安、防火、防盗、水浸等情况，发现问题，通知相关部门，立即整改。

b. 巡查外墙、玻璃、门、窗、地面等设施是否完好。

c. 巡视检查保洁卫生状况，货物的运送和进出情况。

d. 巡查是否有可疑人员，发现可疑人员应前往盘问、检查证件。禁止拾荒人员、小摊贩、推销人员进入管理区域。

e. 特殊天气的墙体广告、店招及其他附属物的安全情况。

③ 巡逻人员要多看、多听、多嗅，以确保完成巡视工作任务，按要求做好巡逻记录，并及时将有关情况反馈相关部门和人员。

④ 巡查过程中如遇有紧急或突发事件，应立即执行突发事件处理流程，并在突发事件发生后半小时内填报事故报告。

（2）防窃防盗管理的工作要点

① 在商品出入口应设置便衣保安，其职责为检查带出的商品是否有发票，是否是合法的商品购置行为。

② 在进货和为顾客送货（大件）时，由于商品货量大，堆在外场地上，容易给不法之徒以可乘之机，这时保安就要提高警惕，防止商品被盗。

③ 在逢年过节、双休日时有较多的顾客，或商铺搞促销，如限时商品优惠，或凭广告券免费领商品时，都会造成柜台前人头攒动的拥挤现象，不法分子会乘机作案，盗窃钱物，这时保安就应上前维护秩序，保障顾客人身与财产的安全。

④ 收银员换班或营业结束，将钱款解送至总收银柜或商铺管理部门时，保安应上前保护收银员以及钱款安全，防止歹徒抢劫，以保证收银活动安全。

⑤ 一些盗贼在关门前躲在商铺内隐蔽处，等到深夜出来作案，第二天开门后又混在顾客中出门。故关门后保安要仔细检查各角落、隐蔽点，夜晚值班时要提高警惕，加强巡逻。

⑥ 对夜晚值班保安的素质要求应较高。夜晚值班应排出两名以上保安和一名管理人员，防范恶性事件和突发事件。

⑦ 入口是保安的第一关，保安人员责任心要强，善于察言观色，发现可疑人员，用对讲机报告现场的便衣保安员加以注意。

⑧ 发生突发事件，保安、管理人员应按应急事件处理规程操作，防止事态扩大，注意保护现场，及时向上级报告或呼叫救护车。应特别强调，在发生恶性事件时，应紧急疏散围观顾客。

（3）监控中心管理的工作要点

① 监控是指利用电视监控系统对商业地产项目进行全方位多角度的监视，尤其是对出售贵重商品如钻石珠宝、高档手表等铺面应进行日夜监视。

② 监控中心值班员负责监控设备的运行和日常使用，填写监控中心值班记录。

③ 新上岗员工进行岗前培训（由工程人员负责设备操作性能培训，由熟练监控员带岗实习），考核合格后方可独立上岗。

④ 来访人员经监控中心负责人批准并登记后方可进入。

⑤ 监控中心值班室在任何情况下不得出现空岗现象。

⑥ 如发现可疑人员或突发事件、恶性事件，监控人员应及时录像。

⑦ 地下车库或露天停车场亦须安置监控摄像探头，防止车辆被窃。万一遭窃，录像将提供证据、线索，有利破案。

3. 交通组织管理的工作要点

二线城市综合体项目商业物业交通组织管理的好坏直接体现项目的物业管理水平，主要包括车辆管理和停车场管理。

（1）车辆管理的工作要点

① 进出的各种车辆管理有序，无堵塞交通现象，不影响行人通行。

② 停车场有专人疏导，管理有序，排列整齐。

③ 室内停车场管理严格，出入登记。

④ 非饥动车车辆有集中停放场地，管理制度落实，停放整齐，场地整洁。

⑤ 危及人身安全处设有明显标志和防范措施。

（2）停车场管理的工作要点

① 车场巡查

a. 车管员负责车场巡视工作。

b. 巡查车辆有无跨车位停放，及时与出入口通报场内车位数量及车辆停放情况。

c. 监督场内卫生情况和车辆秩序，查看车辆是否破损，有无刮碰、无牌、漏油，有无危险品。

d. 值班班长每小时对各岗位执行情况进行检查。

e. 车场主管不定时对各岗位执行情况进行检查。

② 收费

a. 车场出口值班人员负责收费工作：回收停车卡、收取相应的停车费。

b. 按财务管理规定对收费情况进行登记并及时上交财务。

c. 对于免费车辆的放行处理，严格按有关公司制度或操作流程进行。

d. 安防主管、车场主管、班长按要求对各岗位执行情况进行检查。

③ 事故处理

a. 车场值班班长负责协调停车场车辆事故处理。

b. 对事故双方进行协调。当事故双方协调未达成共识时，建议双方事主报保险公司或交警，由双方事主自行处理。

c. 值班安防主管、车场主管对事故处理情况及时跟踪了解。

4. 应急处理的工作要点

应急处理是指在遇到突发事件或异常情况时所采取的紧急处理措施，防止危害进一步扩大，保护业主、租户及相关人员的生命财产安全。

（1）预案完善

① 根据可能发生的突发事件编制突发事件应急预案，并不断完善。

② 在年工作计划中安排突发事件应急预案演习计划，确保每年对每个预案进行演习一次，并保留相关记录。

③ 应建立应急预案管理小组，负责增编或修订新的应急事件的预案并安排计划、实施演练。应急预案小组成员必须包括分管副总经理、分管部门经理、安防主管或消防主管、相关物管班长。

（2）事件响应

① 发生事故后，值班班长迅速了解事件状况并组织人员赶赴现场。

② 立即保护事发现场，及时疏散人群并控制涉及事件的主要人员。

③ 值班班长根据事态发展及时向上级领导及相关的执法部门汇报。

（3）事件处理

① 值班班长对每起事件进行情况了解并做好相关信息记录。

② 协助相关执法部门提供事发现场有关信息。

③ 根据相关工作流程或规定、领导指示处理相关事件。

④ 事件处理后，尽快形成突发事件处理报告上报公司领导。

三、商业物业环境管理的主要内容与工作要点

二线城市综合体项目商业物业的环境管理水平影响消费者对项目的观感，关系到消费者的满意度评价。商业物业环境管理的主要内容包括物业保洁管理、物业绿化与美陈管理两大部分。

1. 物业保洁管理的工作要点

二线城市综合体项目商业物业的保洁工作通常是采取外包的形式，通过聘请专业的保洁公司对物业进行清洁管理。物业保洁管理的工作要点具体如下。

（1）商业物业保洁的系统策划

制订商业物业保洁的质量标准是商业物业系统策划的核心内容。保洁管理工作系统策划是选聘保洁分包单位和对其实施监管的依据。

① 编制物业保洁对象设施清单。根据具体项目以及具体部位的特点和定位要求，依据物业服务合同确定的服务界面和服务标准，将地面、消防通道（楼梯间）、电梯、灯具、风口、管线、沿口、扶手、栏杆、垃圾桶、玻璃穹顶等保洁对象的位置和数量进行全面盘点，编制项目保洁对象设施清单。

② 按照不同对象、不同区域，确定保洁频次、保洁方式、保洁方法、保洁作业时间要求，确定保洁作业路线

a. 保洁区域一般划分为屋面、办公区、卫生间、地下室、内场、外场 6 个区域。

b. 保洁范围必须涵盖项目保洁对象设施清单中所有必须清洁的设施和部位。

c. 保洁方式包括循环作业方式和定期作业方式。

d. 保洁方法包括擦拭、清洗、打蜡、抛光、牵尘等各种工艺方法以及各种清洁药剂的配方、用量，保洁工具使用限制。

e. 保洁作业时间，根据营运需要规定具体作业是夜间还是白天，闭店后还是营业中进行。

f. 保洁作业路线，根据营运需要规定必要的保洁作业路线。

③ 制订保洁作业质量标准和保洁质量检查标准

a. 编制保洁作业质量标准，包括日常作业和定期作业工作标准。标准中必须规定各个保洁区域、保洁对象的保洁频次、方式、方法、作业时间要求和清洁作业路线要求以及应当达到的效果和标准。

b. 编制保洁质量检查表。根据保洁作业质量标准，编制保洁质量检查表。保洁质量检查表除了包含各个保洁区域、保洁对象的保洁作业质量标准外，还应当包含检查衡量方法和检查评定方法。

　　④ 进行保洁作业的资源经济技术分析。根据保洁管理工作系统策划，进行资源经济技术分析，确定保洁作业的人员、设备、物料的配置要求。

　　(2) 保洁分包单位的选聘

　　根据商业物业保洁的需要选择保洁分包单位。保洁工程招标的基本流程如下。

　　① 招标前准备工作

　　a. 公司成立招标小组；

　　b. 确定招标标准；

　　c. 招标小组负责组织投标方报名；

　　d. 整理已报名资料；

　　e. 考察已报名单位；

　　f. 初选具有招标意向之报名单位；

　　g. 公司准备招标资料。

　　② 开始招标

　　a. 公司提供投标文件；

　　b. 送标（随附一套可行性保洁方案）；

　　c. 送标同时交纳投标保证金；

　　d. 揭标（根据回标率确定时间）；

　　e. 确定中标方；

　　f. 回标。

　　③ 签订合同

　　a. 与承包单位签订委托合同；

　　b. 交纳委托合同保证金。

　　④ 试用期（3个月）

　　a. 试用期满合格，继续履行合同；

　　b. 期间不合格，提前半个月得到通知，终止合同。

　　(3) 对保洁作业过程的监管

　　① 保洁分包效果的检查与评价。环境专管人员每日对物业的总体卫生进行日常巡查，并填写保洁质量检查表；部门经理每周对物业保洁工作进行检查；公司每月定期对保洁及环境管理工作进行检查。通过三查，寻找改进依据，促进分包方持续提高管理及作业水平，达到共同进步的目的。

　　对分包方实施定期评价、付款前评价、合同到期前评价等三评工作。通过评价，了解物业环境保洁需求，及时发现保洁公司存在的问题，完善保洁监管制度，逐步形成一个长效的、可持续发展的环境保证机制。

　　② 保洁作业日常检查。环境专管人员根据保洁服务合同，对保洁分包方的保洁服务进行专业日常检查。专业日常检查的内容包括劳动要素检查和保洁作业质量检查。

　　劳动要素检查是指按照合同和保洁作业计划检查作业人员到岗情况、设备使用情况和物料使用情况。重点是检查保洁服务分包单位的人员在编在岗、人员素质、人员排班、设备的投放使用、清洁药剂和工具的配比、用量和配置等是否符合合同约定的要求。

　　保洁作业质量检查是指按照保洁作业计划并根据保洁作业质量标准逐项对保洁服务分包单位以及保洁服务人员的作业进行检查。清洁卫生作业质量检查不仅涉及作业的现场效果，还必须涉及其作业方式、作业方法、作业时间和作业路线，必须使其符合作业质量标准的要求。

2. 物业绿化与美陈管理的工作要点

二线城市综合体项目商业物业绿化与美陈管理的工作要点如下。

（1）绿化的养护和管理工作

① 根据绿化植物的生长特点，制订或督促绿化养护公司制订绿化季（月）度养护工作计划，针对不同的植物明确规定养护要求、质量标准及具体措施，包括施肥、浇水、松土、换土、剪枝、杀虫、除草、防冻、补种等工作安排。

② 各项绿化养护作业必须按照相关的规定执行，并形成书面记录。

③ 每月对绿化植物的生长进行检查评估，根据需要调整养护工作计划。

④ 对于长势不好或者美化效果不佳的绿化或租摆绿植及时与相关分包方联系，及时予以更换或调整。

⑤ 对绿化分包方的考核与评价，参照保洁分包方管理。

（2）绿化与美陈、功能性小品布置与管理的结合

环境美陈是指项目的公共空间的美化布置和氛围制造。环境美陈是构成项目整体氛围的主要因素，是物业品牌的重要组成部分，是顾客满意度的重要指标，是项目品质的重要体现。良好的环境美陈，可以给顾客舒适、温馨和艺术化的享受，起到增加顾客光顾频率的作用。环境美陈的设计及管理原则，应体现人性化与艺术化的统一，项目的定位与目标客群的和谐，坚持简约化原则。

① 通过景观营造，充分表现项目内涵，使环境具有标志性。根据二线城市综合体项目商业物业市场定位和产品定位，商业物业具有自己独特的主题内涵。景观的营造应与这个主题内涵相一致、相呼应，从而使本身的景观具有独特而明确的标志作用。

② 景观营造，必须服务和服从于物业空间的服务功能。商务办公楼的环境布置应该有利于创造商务环境的营造；酒店的各种陈设应当洋溢着典雅、高贵的氛围；公寓则需要整洁和安静的环境；对于购物中心等商业物业，则根据其定位和业态分布需要，创造浓烈的商业气氛。

③ 景观营造必须与交通组织相结合。行人动线是整个商业物业的生命线，景观营造具有客流动线的导向性，景观营造应与客流动线有机结合。在商业物业重要的交通动线和节点，应该进行有目的的景观布置。在主要出入口，如地铁出入口、地面出入通道、地下停车场的电梯候梯厅、中庭和大堂等重要的人流动线节点，必须精心做出景观布置。景观营造不仅对于顾客的视觉产生十分重要的影响，而且对于有效引导客流，具有十分重要的作用。